探索家

经　度

LONGITUDE

UNREAD

寻 找 地 球 刻 度 的 人

[美]达娃·索贝尔 Dava Sobel_ 著　肖明波_译

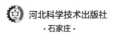
河北科学技术出版社
·石家庄·

LONGITUDE

著作权合同登记号 冀图登字：03-2024-53 号

本书简体中文版由联合天际(北京)文化传媒有限公司取得，河北科学技术出版社出版。

版权所有，侵权必究！

图书在版编目（CIP）数据

经度：寻找地球刻度的人 / （美）达娃·索贝尔著；

肖明波译 . -- 石家庄：河北科学技术出版社，2025. 1.

ISBN 978-7-5717-2127-5

Ⅰ . P128.12-49

中国国家版本馆 CIP 数据核字第 2024FD0445 号

选题策划	联合天际·边建强	
责任编辑	徐艳硕　符　巧	
责任校对	李　虎	
美术编辑	张　帆	
装帧设计	夏　天	
封面设计	艾　藤	

出　　版	河北科学技术出版社
地　　址	石家庄市友谊北大街 330 号（邮政编码：050061）
发　　行	未读(天津)文化传媒有限公司
印　　刷	北京联兴盛业印刷股份有限公司
开　　本	880 毫米×1230 毫米　1/32
印　　张	7.375
字　　数	155 千
版　　次	2025 年 1 月第 1 版
印　　次	2025 年 1 月第 1 次印刷
ISBN	978-7-5717-2127-5
定　　价	68.00 元

关注未读好书

客服咨询

本书若有质量问题，请与本公司图书销售中心联系调换
电话：（010）52435752

未经许可，不得以任何方式
复制或抄袭本书部分或全部内容
版权所有，侵权必究

献给我的母亲，

贝蒂·格鲁伯·索贝尔，

一位四星级的飞机领航员。

她完全可以驾机在空中自由翱翔，

却总是驱车驶过布鲁克林的卡纳西区。

目　录

contents

中文版序

　　我非常荣幸地看到，这本小书在过去十年中被翻译成了包括希伯来语、冰岛语和土耳其语在内的30种外国文字。不过，这个新的汉语译本让我感到格外亲切，因为我有幸参与了它的翻译过程。

　　我并不懂汉语，既不会说，也读不懂。我之所以能参与其中，要多谢我那出色的译者——肖明波。他为了确保翻译的正确性，与我通了信。过去，也有一两位译者向我提出过一两个问题，但多数情况下他们都在孤军奋战，根本没咨询过我。而明波每译完一章都会（通过电子邮件）发给我一封挺长的信，希望再三查证不熟悉词句的精确含义或措辞的微妙变化。尽管这种交流为我增加了相当多的额外工作（！），但我知道明波的工作更艰苦。因此，我很高兴能帮到他，也很荣幸地得知他对正确理解我的原意那么看重。我衷心感谢他，并希望通过他的努力，会有更多的中国读者喜爱这个故事。

达娃·索贝尔

2006 年 12 月 4 日

2005 年十周年纪念版序言

尼尔·阿姆斯特朗[1]

在我还是一个生长在俄亥俄州的小城镇的小男孩时，获得精确时间的方式有两种：一种是通过收音机——它在正点播报"刚才最后一响，是东部标准时间 × 点整"；另一种是通过法院的时钟——它是人们安排日常工作的重要帮手。镇上有些人没有手表，要靠法院的钟声来确定上下班时间。有些人有手表，但是它们在 5 个小时里可能快或慢上 5 分钟，因此每天都需要拨准好几次，而走时准确的手表也成了其主人炫耀的资本。

法院的圆顶高高耸起，比小镇教堂的尖顶还高。沿着圆顶下的筒状墙体，均匀地排布着四面钟，每一面都对应着罗盘上的一个基本方位。学童们偶尔得到许可进入法院高塔内参观。虽然站在地面上看，这个塔的外表并不怎么起眼，但是当学童们进到里面探索时，就会发现其内部坑坑洼洼，布满灰尘的横梁和支柱纵横交错。那些钟面外形巨大，表针比小孩儿的个头还长。这一番体验在我脑海里留下了生动的印象：钟表是很重要的东西。

---

1 尼尔·奥尔登·阿姆斯特朗（Neil Alden Armstrong，1930—2012），美国宇航员、试飞员、海军飞行员以及大学教授。在美国国家航空航天局服役时，阿姆斯特朗于 1969 年 7 月 21 日成为第一个踏上月球的宇航员，也是第一个在地球外星体上留下脚印的人类成员。当时他说出了此后在无数场合常被引用的名言："这是我个人迈出的一小步，却是人类迈出的一大步。"——译者注（如无特殊说明，本书脚注均为译者注）

乘船沿泰晤士河顺流而下，从威斯敏斯特到格林尼治的这段旅程，也可算是时间长河上的一段航程。这条河的两岸沿途积淀了两千年的历史——从罗马时代的伦迪尼乌姆（Londinium）港直到撒克逊人时代。这段历史的注脚中记载了1665年的大瘟疫、次年的伦敦大火、工业革命，以及20世纪两次世界大战所造成的破坏等重大事件。

很显然，格林尼治是一个适于出海远航的城镇。游客在格林尼治码头弃舟登陆，徒步而行，途经著名的快速帆船"卡蒂萨克"号（Cutty Sark）和弗朗西斯·奇切斯特（Francis Chichester）单人环球飞行时所驾驶的小飞机"舞毒蛾2号"，再穿过一小段迷人的乡村小道，就来到了英国国家海事博物馆。那里陈列着英国最著名的海军上将和海军英雄霍雷肖·纳尔逊[1]及英国最伟大的海军探险家詹姆斯·库克[2]使用过的海图和物品。长廊上堆满了各种图画、轮船模型、科学设备和导航仪器以及地图集。那里还有世界上最大的航海图书馆。

多年以前，我在这个博物馆里看到了自己向往已久的东西——最早的几台高精度航海钟，它们可能也算是人类历史上

---

1 霍雷肖·纳尔逊（Horatio Nelson，1758—1805），英国风帆战列舰时代海军将领及军事家。霍雷肖·纳尔逊在1798年尼罗河口海战及1801年哥本哈根战役等重大战役中率领皇家海军获胜，他在1805年的特拉法尔加战役中击溃法国及西班牙组成的联合舰队，迫使拿破仑彻底放弃海上进攻英国本土的计划，但自己却在战事进行期间中弹阵亡。

2 詹姆斯·库克（James Cook，1728—1779），英国海军上校和航海家，太平洋和南极海洋的探险家。1768年皇家学会与海军部组织首次航海科学考察，库克被任命为考察队指挥官，其任务是护送学会科学家到塔希提岛观察金星凌日的情况。该任务完成后，考察船向南和向西去寻找南方大陆，发现了新西兰。库克在探索新地、航海、测绘海图和航海卫生各方面都卓有成就。经他测绘而改变的世界地图，较历史上任何人都多。

意义最为重大的时钟了。这几台航海钟是由约克郡一位名叫约翰·哈里森的人在 18 世纪时制造的。哈里森原来是木匠,后来才改行当了钟表匠。他的前三台钟完全不同于我此前见过的任何一台时钟。最早的那一台,每边长约 2 英尺[1],看起来像是铜制的,四根指针各有一个单独的表盘;两个摆动臂由弹簧连接起来,其顶端各带一个向上鼓出的球形重锤。

哈里森的第二台和第三台钟看起来要略小一些。它们的机械装置跟第一台类似,但或多或少又有些差别。哈里森最后的那台钟 —— 据说也是性能最好的一台 —— 跟另外的几台完全不同。它看起来像一块装在银制表盒里的超大怀表,直径约莫五六英寸,厚达 2 英寸。这台钟的每个零部件都造得毫无瑕疵,很容易让人产生这样的印象:这哪里是木匠能造得出来的,分明是珠宝匠的杰作嘛。

离开博物馆后,我走到街对面,穿过公园,顺着山坡爬上克里斯托弗·雷恩爵士在 1675 年设计的格林尼治天文台,来到了"弗拉姆斯蒂德之屋"(Flamsteed House)。英国国王查理二世下令建造了这个天文台,以提高海上航行能力,并"在海上确定渴望已久的经度,从而完善航海技术"。就在这一年,他还任命约翰·弗拉姆斯蒂德为第一任皇家天文学家。

格林尼治天文台在本初子午线上。一个通过该天文台以及南北极的虚拟平面,恰好可将地球分成东西两个半球。这个天文台

---

1 1 英尺 =30.48 厘米,1 英寸 =2.54 厘米。

也是格林尼治标准时间（GMT）的基准点，因此每天、每年和每个世纪都是从这个地方开始的。

有段时间，人们曾将哈里森的精密时计搬出博物馆，横穿马路，越过公园，放到了山上的天文台里。具有讽刺意味的是，在写作本文时，这些时钟竟然会被安置在它们最大的批评群体——天文学家的实验室里。

为解决在海上确定经度的问题而建立的这个天文台，有一段令人神往的历史。这些精密时计，同样也是为了解决确定经度的问题而制作的；而且，在我看来，它们的故事甚至更加令人着迷。这些年，我又连续四次回到格林尼治，都是专程去看望它们，并向它们表达我由衷的敬意。

我选择的职业要求我掌握航空航天导航技术，因此我对航海技术的历史也很痴迷。我了解到，在哥伦布完成首次大西洋横渡之后，欧洲最强劲的两大海上争霸对手——西班牙和葡萄牙——就新发现大陆的管辖权爆发了激烈的争斗。

教皇亚历山大六世颁发了"分界线教皇诏书"（Bull of Demarcation），来解决这场争端。教皇陛下抱着一种超然事外的平和心态，在海图上穿过亚速尔群岛以西100里格¹的地方，从南到北划出了一条子午线。他将该线以西的所有土地（不管是已发现的还是未发现的）统统划归西班牙，而该线以东的土地则划归葡萄牙。尤其是考虑到当时都没人知晓这条线在海上的具体位置，这一外

---

1 里格（League），旧时长度单位，相当于3.0英里，约合4.8千米。

交裁决真可谓大手笔了。

　　早期的船长都通晓纬度的含义；在北半球时，还可以通过测量北极星在地平线上的高度来测出纬度。但是，没有人了解经度。麦哲伦的书记员皮加费塔（Pigafetta）曾这样写道："船长花了很长时间研究经度问题，而领航员们却很满足于所获得的纬度信息，并为此自傲，都不愿提起经度这码事。"当我搜寻"导航问题是如何得到解决的"这个问题的答案时，总是会得出这样的结论：所有一切都得归功于约翰·哈里森非凡的创造力和高超的技艺。

　　作为对有关哈里森成功和磨难的点滴信息都无比渴求的"小学生"，我发现《经度》一书为我揭示了许多闻所未闻的细节和关系。那些不熟悉这段独特历史的读者，在阅读本书时无疑会欣赏到一个引人入胜的故事，了解计时技术和导航技术所取得的辉煌成就。而那些对这个主题已有所涉猎的朋友，我想，也定能从书中获得惊喜。

用"时间"测量"空间"——《经度》导读

    《经度》是美国著名科普作家达娃·索贝尔（Dava Sobel）的代表作，文笔细腻流畅，情节跌宕起伏，自 1995 年首次出版后便风靡全球，被认为是"一本比小说还要精彩的非小说"，并荣获"美国图书馆协会 1996 年度好书""英国年度出版大奖"等多项殊荣。索贝尔曾担任《纽约时报》科学专栏记者，为《奥杜邦》《生活》《发现》《纽约客》等期刊供稿，除《经度》外还著有《一星一世界》《伽利略的女儿》等优秀作品。为表彰她在天文写作方面的成就，小行星 30935 就是以她的名字命名的。

    提到经纬度，大家可能马上会想起地图或地球仪上，由经线和纬线纵横交织而成的经纬网络，这些都源自古希腊人对大地球形的构想。公元 150 年左右，古希腊天文学家托勒密将赤道标记为 0° 纬线，建立了经纬坐标体系。利用经纬度可以定位世界上的任何地点。现实中，人们根据太阳的高度或者北极星的高度，很容易确定地球上每一个地点的纬度；而对经度——尤其是海上经度——的确定，人类却经历了数个世纪的艰难探索。本书讲述的就是这样一段波澜壮阔、离奇曲折的精彩故事。

一、确定经度为何如此重要和困难

大航海时代以来，新兴资本主义国家要向全球扩张，征服大海、远洋航行势不可免。而在过去数千年乃至数万年来，人类进行航行都不能远离陆地[1]，一旦远离陆地，很容易在浩瀚海洋中迷失方向：要么因长时间漂泊在海上而受困于坏血病，要么因无边蔓延的恐惧而精神崩溃，要么因触礁而船毁人亡……诸如此类的悲剧屡见不鲜。而这一切皆源于不能准确测定经度的缘故。

确定经度的麻烦在于，由于地球自转，天球上天体的位置也在不断变化，直接通过天体观测来确定经度并非易事。[2]那该如何测量经度呢？一个被普遍接纳的思路就是测量两地的时间差。地球每24小时自转一周360°，每小时相当于15°，只要知道两地之间的时间差，就能得知两地的经度差，从而确定经度，亦即用时间测量空间。至于如何计算时间差，有两种办法：

一种是天文法。通过观察天文现象来测量时间，从而确定经度。通过观测和记录日月五星[3]在天空中的运动，并与预先计算好的天文数据进行比较，就可以计算出所在地和参考地之间的时差，以推算出经度。从1514年德国天文学家沃纳提出利用月球运动确

---

[1] 古时候，除了像哥伦布、达伽马那些带有极大野心和探险精神的航海家，人们航海多为贴着海岸线（或陆地在目之所及范围内）行进。古希腊航海业很发达，其中一个重要原因便是爱琴海上岛屿众多，即便在没有任何定位仪器的情况下，也能畅行无碍。——编者注

[2] 天球是一个假想的球体，所有天体，如太阳、月亮、行星等都位于这个巨大的球面上。地球位于天球的中心，代表了我们观察宇宙的视角。天球与地球相互映射，因此很大意义上地球坐标就是天球坐标的投影。天纬度和地纬度是对应的，因而可以直接通过观测天体的高度来确定地球的纬度；至于经度，因同时涉及天球的持续旋转和地球自转，天经度无法直接对应地经度，所以确定经度没有那么容易。——编者注

[3] 指太阳、月亮、金星、木星、水星、火星、土星。——编者注

定位置，到 1610 年伽利略提出观测木星卫星运动周期，再到后来卡西尼编制星历表，哈雷绘制磁偏角地图……无数天文学家都为解决经度问题贡献了自己的才智。不过，虽然天文法理论上非常可靠，但也存在不少困难，比如天气在很大程度上制约着天文观测，以及需要对日月五星的黄道运动规律有非常精确、完备的观测和了解，这在牛顿力学之前是很难做到的。

另一种是钟表法。这种方法非常简单直接，使用者无须具备高深的天文知识或专业训练，只用携带一个能显示参考地时间的钟表，在旅途中记录所在地的时间，比较下两地的时间差即可。从 1530 年盖玛·弗里修司主张利用机械钟在海上测定经度，到后来的威廉·坎宁安、克里斯蒂安·惠更斯、罗伯特·胡克……都在这方面有所建树。但钟表法最大的困难在于当时无法制出高精度的钟表，此外海上船体颠簸以及气温变化所引起的热胀冷缩，都会对钟表性能造成负面影响。

到了 18 世纪，经度问题成了当时最棘手的科学难题。1707年 10 月 22 日发生的锡利海难——四艘英国战舰触礁，约 2000人遇难——震惊了英国朝野。这只是现实的典型缩影，经度问题的解决与否，牵系着无数鲜活的生命乃至国本国运。七年后，英国国会通过了著名的《经度法案》，悬赏 2 万英镑（相当于现在的数百万美元）征求解决方案。重赏之下，必有勇夫。除却大批不靠谱的方案外，可靠之法还是会在"天文法"和"钟表法"之间决出，而当时的主流认为造出高精度的航海钟可能性不大，因而大多数人更看好天文法。

二、天才木匠非凡而坎坷的一生

本书主角约翰·哈里森出生于英国约克郡的一个木匠家庭。尽管他没有接受过正规教育，但通过自学和实践，逐渐掌握了钟表制作的技艺。20岁时，哈里森就造出了他的第一台木质摆钟，这台钟完全用木头制作，甚至无需润滑油，这在以前是闻所未闻的，展现了他在制表方面非凡的天赋和创造力。

1727年，哈里森决定挑战经度奖。他并没有因主流权威意见而畏缩，而是坚持自己的主见，要用当时看来"不太可能实现的手段"（造出高精度航海钟）去解决那个世纪难题。幸运的是，他得到了第二任皇家天文学家埃德蒙·哈雷、著名钟表大师乔治·格雷厄姆的赏识和帮助，由此开启了数十年如一日的研发生涯。从1735年H-1（"哈里森一号"的简称）的发明，到1761年旷世之作H-4的诞生，书中的介绍已很完备，这里就不多赘述了。整个过程中，哈里森把精益求精的工匠精神和求新求变的创新精神发挥得淋漓尽致。他的H-4经测试完全达到《经度法案》的悬赏要求。令人惊叹的是，H-4在近3个月的航海里仅仅慢了5秒，这在今天是难以想象的[1]。

按理说，既已达到悬赏要求，哈里森可以名利双收了。可事情并没有那么简单。决定赏金发放权的经度局，因其成员有不少是天文学家，所以天然有利于"天文法"的评判，相当于既当裁判员又当运动员，对哈里森这样卑微的乡下工匠大多也瞧不上眼。如今对方凭一台钟表就想拿下大奖，别的不谈，他们在面子上也挂不

1 即便是现代经过天文台认证的手表，日误差在负四到正六秒之间。——编者注

来，于是千方百计地使绊子，开出各种苛刻条件反复刁难哈里森，令其备受屈辱和打压。最终还是在英国国王乔治三世的介入下，年迈体衰的哈里森才拿到了应得的奖金。三年后，哈里森去世。

在哈里森那个时代，科学与技术还是相对独立的，工匠甚至有机会在某些领域胜过科学家。天文法和钟表法的竞争，其实可以看作科学和技术、科学家和工匠的较量。但 19 世纪以后，科学理论逐渐成为技术发展的基础，缺乏科学基础的技术注定要遭淘汰。客观看来，哈里森确实在技术方面取得巨大突破，但他对钟表精度背后的科学原理知之甚少，他的工作更多依赖于个人经验和反复试验，而非科学理论的指导。今天基本上已没有可能再出现一个哈里森式的怪杰、天才来挑战整个科学共同体。哈里森的成功则是个人对科学传统的一次重大的、也是最后的挑战，这也是本书激动人心的一个方面。

三、哈氏航海钟的影响和意义

站在我们今天的角度回溯历史，大航海时代有多么重要，经度问题的解决就有多么重要。哈里森的航海钟无疑是具有划时代意义的伟大发明，象征着人类智慧和创新精神的无限可能。它不仅解决了长久以来困扰无数科学家、航海家的经度问题，更是帮助人类征服大海、开启了探索世界的新篇章。远洋航行不再是凶多吉少、朝不保夕的冒险式行为，人类的活动范围由此大为扩展，推动了重塑世界格局的全球化进程。

1775 年，哈里森发明的精密航海计时器被正式命名为 "chronometer"，他的后继者们对其工艺进行了研究和推广，逐步实现了量产。到1815年，整个英国已拥有5000台精密计时器；1860年，英国皇家海军的200艘船平均每艘都备有4台计时器，壮大充实了英国海军力量，为英国海上霸权和日不落帝国的崛起奠定了重要基础。此外，哈氏航海钟也极大地提升了英国在全球经纬度坐标标准制定上的话语权。1767年，格林尼治天文台自设零经度，把经过它的那条经线称为本初子午线，这一决定最终在1884年国际子午线会议上得到认可，确立了格林尼治作为全球计算时间和地理经度的起点。

《经度》这本书之所以扣人心弦，约翰·哈里森的传奇故事固然是一方面。此外，它以"经度问题"为线索，巧妙地将多个领域的知识融合在一起，涵盖了机械钟技术的发展、航海技术的进步、天文学的演变，以及当时正在兴起的现代科学，包括许多我们熟知的科学巨匠，如伽利略、惠更斯、牛顿、哈雷等，他们都曾为了经度问题殚精竭虑、上下求索。一部经度探索史，可以折射出一部现代科技史。索贝尔正是将这些看似分散的知识点和历史事件编织成一个流畅连贯的故事，使得本书视野宏阔、内容丰富且引人入胜。

那些为地球标记刻度的人们，包括但不限于哈里森，他们的艰辛探索和丰功伟绩，我们应该予以铭记。

本篇源自"高山科学经典"导读节目，导读者：吴国盛，嘉宾：常伟，主持人：段玉龙

第一章　假想的线

当我起了玩心时，就用由经线和纬线织成的围网，在大西洋中捕捞鲸鱼。

——马克·吐温　《密西西比河上》

在我还是小姑娘的时候，有个星期三，父亲带我外出游玩。他给我买了一个缀着珠子的铁丝球，我很喜欢它。轻轻一压，便可将这个小玩意儿收成一个扁扁的线圈，然后夹入双掌。再轻轻一扯，又可让它弹开，变成一个空心球。它在鼓起来的时候，很像一个小小的地球。那些铰接在一起的铁丝，就像我上课时在地球仪上看到的用细黑线画出的经纬线，都是些纵横交织的圆圈。几颗彩色的珠子，不时从铁丝上滑过，就像是航行在公海上的轮船。

那次，父亲扛着我，迈开大步，正沿着纽约第五大道走向洛克菲勒中心。我们停下脚步，注视着将天和地扛在肩上的阿特拉斯[1]的铸像。

阿特拉斯高举在空中的青铜球体，跟我手里玩的铁丝球一样，也是一个可透视的世界，环绕着假想的线条。赤道、黄道、北回

---

[1] 阿特拉斯（Atlas），希腊神话中提坦巨人之子，是人类创造者普罗米修斯的兄弟。在荷马的作品中，他似乎是一个海中人物，支撑着那使天地分离的柱子。据希腊诗人赫西俄德的说法，阿特拉斯是提坦巨神一族，这个家族曾试图统治天国，但被宙斯家族推翻并取代。宙斯降罪后，阿特拉斯被判以双肩来支撑苍天，成为一个擎天神。在艺术作品中，他被描绘成肩负着天空或天球仪的形象。

归线、南回归线、北极圈、本初子午线……即便在那时，我也可从罩在球面上的坐标纸方格中，辨认出一套功能强大的符号系统，知道它足以表示出地球上实际存在的所有陆地和水域。

如今，经线和纬线所处统治地位之稳固，超乎我40多年前的想象，因为它们一直纹丝未动，而它们所辖世界的格局却发生了变化——大陆在日益广阔的海面上发生了漂移，国界也因战争或和平一再得到重新划定。

我年幼时就掌握了分辨经线和纬线的诀窍。纬线，或称为平行纬线圈，的的确确是相互平行的。从赤道到两极，它们环绕着地球，形成一系列逐渐缩小的同轴圆圈。经线则是另一番景象：由北极绕到南极，再绕回来，形成一个个大小相同的大圆，因此，它们都交会于地球两极。

在古代，至少是在公元前300年时，人们的头脑中就已经有了纵横交织的经线和纬线这种概念。到公元150年，地图制作家兼天文学家托勒密[1]在他绘制的第一本世界地图册中，就为27张地图画上了经纬线。在这本划时代的地图册中，托勒密还将所有地名按字母次序排出了索引，并根据旅行家们的记录尽可能精确地给出了各个地点的经度和纬度。只是，托勒密本人对外部世界的认识不过是闭门造车。在他生活的那个年代，人们普遍抱着这

---

1 托勒密（Ptolemy），拉丁文全名 Laudius Ptolemaeus，晚古时期著名希腊天文学家、地理学家和数学家。生平不详，活动时期为公元127—145年。他的《天文学大成》（*Almagest*）共13卷，是16世纪以前最重要的天文学著作。他的地心说（"托勒密体系"，认为地球是宇宙的中心）在被哥白尼的日心说取代前一直占有统治地位达1300年之久。他编纂了《地理学指南》（*Geographia*），内含一份标有经纬度的地名目录；此外还写有关于音阶和年表的论文，绘制过几幅地图，包括一幅世界地图。

样一种错误观念：生活在赤道上的人会被酷热烤化，变成畸形。

托勒密将赤道标记为零度纬线圈。他这种选择并非出于主观臆断，而是从他的前辈们那里找到了具有更高权威性的依据。他们在观察天体运动时，从大自然中得到了启发。在赤道处，太阳、月亮和行星差不多都是从正上方经过。类似地，南北回归线这两条著名纬线的位置，也是根据太阳运动来确定的 —— 它们表示太阳视运动在一年中的南北界线。

不过，托勒密可以根据个人意愿自由地选定本初子午线（零度经线）的位置。他所选的本初子午线穿过了靠近非洲西北海岸的幸运群岛（现在称为加那利与马德拉群岛）[1]。后来的地图制作家们先后将本初子午线挪到亚速尔群岛、佛得角群岛以及罗马、哥本哈根、耶路撒冷、圣彼得堡、比萨、巴黎和费城等许多地方，最后才确定在伦敦。因为地球在旋转，经过地球两极画出的任何一条经线都可以作为基准的起始线，根本没有什么差别。至于本初子午线究竟设在何处，这纯粹就是一个政治问题。

经线和纬线的方向不同，这是连小孩子都能看出来的表面差别。除此之外，二者之间还存在着实质性差别：零度纬线由自然法则确定，是确定不变的，而零度经线则时时在移动，就像沙漏中的沙子一样。这一差别决定了得出纬度易如反掌，而要测定经度（尤其是在海上测定经度）则困难重重。在人类历史上相当长的一段时期里，如何测定经度的问题甚至难倒了世上最聪明的人。

---

1 幸运群岛（Fortunate Islands），在 16 世纪末到 19 世纪初，被海员们公认为一个美丽得像天堂的群岛。在哥伦布时代之前，人们还以为该群岛是最靠近地球边界的地方。

任何一位称职的水手都可以根据白昼的长短、太阳或一些常见恒星距离地平线的高度，相当精确地测算出他所处的纬度。克里斯托弗·哥伦布[1] 在 1492 年就是"沿纬线航行"的——他顺着一条直线航道横渡了大西洋。他以这种方式航行，要不是被美洲大陆挡住，本来肯定是可以抵达印度群岛的。

相较而言，经度的测量则受制于时间。一个人要确定自己在海上的经度，就必须知道船上的时间，以及始发港或另一个经度已知的地方在同一个时刻的时间。领航员可以将这两个时间之差转换成地理上的间距。因为地球要 24 小时才能转完一个 360° 的整圈，所以每小时转 1/24 圈即 15°。于是，轮船和出发地之间的时差每相差 1 小时，就表示它的经度向东或向西变化了 15°。在海上航行时，每天太阳升到最高点的那一刻，领航员可将自己船上的时钟拨到当地正午时分；然后再查看始发港时钟，两个时间每相差 1 小时就可换算成一个 15° 的经度差。

同样，15° 的经度也对应着一段航行距离。在赤道处，地球的周长最大，15° 的经度跨越的距离足有 1000 英里[2]。而在赤道以南或以北的地方，每度对应的里程数就会变小。1° 的经度在全世界范围内都相当于 4 分钟的时间；但是若折合成距离，1° 的经度会由赤道上的 68 英里逐渐缩短，直到两极处几乎为零。

同时获取两个不同地方的精确时间，是计算经度的先决条件。

---

1 克里斯托弗·哥伦布（Christopher Columbus，1451—1506），出生于意大利港口城市热那亚，出生名为 Cristóbal Colón（西班牙语）。著名的航海家和冒险家，美洲大陆的发现者。为了纪念这位冒险家，自 1971 年起，每年 10 月的第二个星期一被定为美国的哥伦布日。
2 1 英里约合 1.6093 千米。

今天，随便找两块廉价手表，不费吹灰之力就能完成这项任务。但是，直到摆钟时代，还是没法做到这一点。在一艘颠簸的船上，摆钟可能会摆得太快，也可能会摆得太慢，甚至还有可能完全停摆。如果从一个寒冷的国度启程开往一个位于热带的贸易区，沿途温度的正常变化会让时钟的润滑油变得稀薄或黏稠，会让其中的金属部件发生热胀冷缩，同样会造成上述灾难性的后果。此外，气压的升降以及地球重力随纬度不同而发生的细微变化，也可能会影响到时钟的快慢。

在大探险时代，尽管配备了当时最好的海图和罗盘，但由于缺乏测定经度的实用方法，伟大的船长们都曾在海上迷失过方向。从瓦斯科·达·伽马[1]到瓦斯科·努涅斯·德·巴尔沃亚[2]，从费迪南德·麦哲伦[3]到弗朗西斯·德雷克爵士[4]，他们都是靠了幸运女神伸出的援手或受了上帝的眷顾，才身不由己地抵达了"目的地"。

由于越来越多的航船启程，去征服或开辟新的领土，去发动战争，或者在异域之间运送金银与货物，因此各国的财富就在海面上漂来送去。然而，没有哪艘航船掌握了确定本身位置的可靠

---

1 瓦斯科·达·伽马（Vasco da Gama，约 1460—1524），葡萄牙探险家、航海家和殖民地行政官员。他是第一个航行到印度的欧洲人（1497—1499），并为葡萄牙在东方的贸易和拓殖开启了富饶之门。

2 瓦斯科·努涅斯·德·巴尔沃亚（Vasco Núñez de Balboa，1475—1519），西班牙探险家和殖民地总督。1513 年，他成为第一个发现太平洋的欧洲人，并宣称其为西班牙所有。

3 费迪南德·麦哲伦（Ferdinand Magellan，约 1480—1521），葡萄牙航海家。1519 年，麦哲伦和他的远征船队绕过南美洲（维尔京角）到达太平洋（1520 年），这个大洋是他命名的。他在菲律宾被杀害，他船队中的一条船继续航行，回到了西班牙（1522 年），从而完成了第一次环球航行。麦哲伦海峡就是以他的姓氏命名的。

4 弗朗西斯·德雷克爵士（Sir Francis Drake，约 1540—1596），英国伊丽莎白时代著名的海军英雄和航海家，是第一个环球航行（1577—1580）的英国人，曾任舰队副司令击败西班牙无敌舰队（1588 年）。

手段。于是，无数船员在猝不及防中遇难。单单是发生在1707年10月22日的一起海难中，就有4艘回航的英国战舰在锡利群岛附近触礁，致使将近2000名将士死于非命。

在长达4个世纪的时间里，整个欧洲大陆都在积极寻求解决经度问题的方案。多数欧洲国家的君主最终都参与了这场运动，其中就有大名鼎鼎的英国国王乔治三世和法国国王路易十四。"巴恩提"号的威廉·布莱船长[1]和伟大的环球旅行家詹姆斯·库克船长，都曾带着一些比较有希望成功的经度测量方法，到海上去检验它们的精确度和可行性。库克船长在暴死于夏威夷之前，曾在三次远洋探险中进行过这类试验。

一些著名的天文学家试图借助"钟表机构般的宇宙"来迎接经度问题的挑战：伽利略、卡西尼[2]、惠更斯[3]、牛顿和哈雷[4]都曾求助于月亮和星星。人们在巴黎、伦敦和柏林建起了规模宏大的天

---

1 威廉·布莱（William Bligh，1754—1817），英国海军将领。1787年，任科学考察船"巴恩提"号（Bounty）船长。1789年4月28日，在一次从塔希提岛驶向友爱（汤加）群岛后，布莱及其他18名水手被哗变船员放逐至海上漂流。他们乘的救生艇在海上漂泊了4000英里，在1789年6月14日抵达东印度群岛的帝汶岛。1805年，布莱被任命为新南威尔士总督。由于他的"暴虐行为"，1808年又引起一次哗变，副总督乔治·约翰斯将他逮捕并遣返英国。1811年布莱晋升为海军少将，1814年晋升为海军中将。

2 乔瓦尼·多米尼科·卡西尼（Jean-Dominique Cassini 或 Giovanni Domenico Cassini，1625—1712），意大利裔法籍天文学家，是巴黎皇家天文台的第一任台长（1671年）。他大大拓展了有关太阳视差以及木星、火星、金星自转周期等方面的知识，首次记录了对黄道光的观测结果。"卡西尼环缝"（土星两个光环A和B之间的暗区）以他的姓氏命名，描述月球转动的"卡西尼定律"是他于1693年确立的。

3 克里斯蒂安·惠更斯（Christiaan Huygens，1629—1695），荷兰数学家、天文学家、物理学家，光的波动理论的创立者；发现了土星光环的真实形状；建立了圆周运动的数学理论，并且成功地把它用于复摆的振动。

4 埃德蒙·哈雷（Edmond Halley，1656—1742），英国天文学家和数学家。1705年，他运用牛顿的运动定律准确预测了一颗彗星的出现周期，称这颗彗星将于1758年回归。这一预言得到证实，后世将此彗星命名为哈雷彗星。1720年继弗拉姆斯蒂德任格林尼治天文台第二任台长。

文台，想以天文观测的方式来测定经度。与此同时，有些脑子不太灵光的人则提出了另外一些较笨的办法，比如先将信号船以某种方式停泊到外海一些精心安排的位置上，然后再通过船上的伤狗吠叫或火炮轰鸣的声音来传递信息。

在寻找经度问题解决方案的奋斗历程中，科学家们还受启发作出了一些别的科学发现，并由此改变了人们对宇宙的认识。这其中包括首次精确测定了地球的重量、星际距离以及光速。

时间在流逝，却没有找到一种真正管用的方法。于是，寻求经度问题的解决方案，就像寻觅"不老泉"[1]的位置、永动机的秘密和炼铅成金的秘方一样，也蒙上了一层传奇色彩。一些海洋大国（包括西班牙、荷兰和意大利的某些城邦）的政府，则纷纷以提供累积奖金悬赏可行方案的方式，不时激起人们对解决这个问题的热情。英国国会还在1714年通过了著名的"经度法案"，设立了一笔丰厚程度相当于"国王赎金"的巨额奖金（折算成今天的货币约合数百万美元），以征求一种"切实可用的"经度测定方法。

英国钟表匠约翰·哈里森是一位机械设计与制作方面的天才，他开创了便携式精密计时科学的先河，并为解决经度问题的事业奉献了毕生精力。他完成了连牛顿都怀疑是否可能完成的伟业——他发明的时钟就像那不灭的火种一样，可以将始发港的真实时间带到世界上任何一个偏远的角落。

---

1 不老泉（Fountain of Youth），传说此泉水能治百病、恢复青春。早期西班牙探险家曾在美洲和西班牙群岛寻觅此泉。

哈里森出身平凡却聪明绝顶。他曾与同时代一些举足轻重的大人物几度交锋。他结下了一个特别的仇敌：第五任皇家天文学家内维尔·马斯基林牧师（Reverend Nevil Maskelyne）大人。此人和哈里森争夺那份令人垂涎的丰厚奖金，并在某些紧要关头耍出了只能称作"卑劣手段"的小伎俩。

哈里森没有受过正规教育，也没有跟哪个钟表匠当过学徒，但是他却造出了一系列几乎不存在摩擦的时钟。这些钟不用上油，无须清洗，而且还是用防锈材料制成的。此外，不管周遭怎样颠簸摇晃，它们的运动部件之间总能保持完美的平衡。他舍弃了钟摆，并在时钟内部以适当的方式将不同的金属组合在一起，使得一种金属成分因温度变化而出现的热胀冷缩能被另一种金属成分的变化抵消，从而保持了时钟走速的恒定。

然而，科学界的精英们却不相信哈里森的"魔箱"，并漠视他的每一次成功。负责颁发经度奖金的委员们——内维尔·马斯基林也是其中一位——每次都看怎么有利于天文学家而不是哈里森之类的"工匠"获奖，就怎么修改比赛规则。但是，哈里森的方法终究还是凭借其实用性和精确度胜出了。哈里森的追随者们又对他那复杂而精巧的发明在设计上进行了成功的改造，使之得以量产并获广泛应用。

经过 40 年的抗争，年迈体衰的哈里森终于在乔治三世的庇护下，于 1773 年获得了那份本应属于他的奖金。在这 40 年中，哈里森经历了政治阴谋、国际战争、学术诽谤、科技革命和经济动荡等种种考验。

　　所有这一切以及许多其他的线索，都和经线交织在一起。如今，卫星网络能于须臾之间将一艘船定位在几英尺的范围内；在这样一个年代，将这些缠结的头绪一一解开理顺，回顾它们的故事，也可以让我们以一种全新的目光来看待地球吧。

第二章　航行在精确计时前的大海上 [1]

在海上坐船，在大水中经理事务的，

他们看见了耶和华的作为，

及他在深水中的奇事。

——《圣经·诗篇》107：23−24 [2]

海军上将克洛迪斯利·肖维尔爵士（Sir Clowdisley Shovell）冲着在海上整整缠了他 12 天的浓雾骂道："鬼天气！"克洛迪斯利爵士在击败了法国地中海舰队后，从直布罗陀凯旋；如今，他却无法战胜像帷幕一样笼罩四周的浓密秋雾。因为担心舰船可能会触上岸边礁石，上将将他手下所有的领航员都召集起来，共商对策。

由于上下齐心，英国舰队平安地抵达了布列塔尼半岛（Brittany peninsula）外韦桑岛（Île d'Ouessant）以西的洋面。但是，当水手们继续往北航行时，他们惊恐地发现早先在锡利群岛附近测出的经度是错的。这些小岛距离英国西南角只有 20 英里左右，看上去像一条用垫脚石铺就的小路，直指兰兹角（Land's End）。于是，在 1707 年 10 月 22 日那个大雾笼罩的夜晚，锡利群岛就成了克洛

---

1 作者说，她将本章题目取为 "The sea before time"，是受了一部曾在美国流行一时的描写恐龙的动画片 *The land before time*（国内译作《小脚板走天涯》）的启发。因为它们讲述的都是人类文明或现代技术出现之前的故事。

2 本诗译文参考了中英对照和合本《圣经》（新国际版），国际圣经协会，2000 年。

迪斯利爵士将近 2000 名将士的无名墓碑。

旗舰"联合"号（Association）首先撞上礁石，几分钟后就沉入海中，船上的人无一幸免。面对这明摆着的危险，其他舰只都还来不及作出反应，"老鹰"号（Eagle）和"罗姆尼"号（Romney）这两艘军舰也跟着一头扎进了礁石丛，像石头一样沉入了海底。总共才 5 艘军舰，一下子就损失掉了 4 艘。

只有两个活人被冲到岸边，其中一个就是克洛迪斯利爵士本人。在海浪将他送回祖国大陆怀抱的过程中，他眼前也许闪现了自己过去 57 年的生活情景。他当然有足够的时间回顾过去 24 小时发生的事。在这段时间里，他做出了自己海军生涯中最严重的一次误判。"联合"号船员中的一名水手曾凑上去向他报告说：在整段浓雾弥漫的航程中，他始终记录着自己对舰队位置的估测。这位不知名的水手很清楚，皇家海军严禁下级越权进行这种颠覆性的导航。但是，根据他的计算，他们面临的触礁危险实在太大了，所以他甘愿冒着被处死的危险将自己的忧虑报告给长官。肖维尔上将却以违抗军令罪当场对他判处了绞刑。

在克洛迪斯利爵士差点儿被淹死的时候，身边可没有人对他唾斥道："我早就警告过你会这样的！"但是，据说这名海军上将刚瘫倒在沙滩上，当地一位赶海的妇女就发现了他，并看上了他手上戴的绿宝石戒指。这两人一个贪欲炽烈，一个精疲力竭，于是她毫不费力就杀害了他，并夺走了戒指。30 年后，她在临终前向牧师做了忏悔，坦承自己有罪，并出具这枚戒指以示悔悟。

在海员们测不出经度的日子里，克洛迪斯利爵士舰队的覆灭算是为长篇的航海传奇新添了浓重的一笔。在这段悲惨历史中，每一页都在讲述着经典的恐怖故事——有坏血病和干渴引发的死亡，有置身帆缆之中的鬼魂，还有海难式的着陆：船体猛撞岩石，溺水身亡者的尸体堆积在沙滩上腐烂发臭。单单因为弄不清经度而迅速导致船毁人亡的事例，就不下几百起。

在勇敢和贪婪的双重驱策下，15—17世纪的船长们都依靠"航位推测法"（dead reckoning）来估测自己在始发港以东或以西多远的地方。船长会将一块木头从船上扔下水去，并观察船以多大的速度远离这个临时航标。他会在航行日志中记下这个粗略的速度，还会记下他根据星辰或罗盘得出的航行方向，以及他在某条特定航线上的航行时间——这可由沙漏或怀表给出。再综合考虑洋流、风力和判断误差等因素的影响，他就可以推断出本船所在地的经度了。当然，他会经常性地错过目标，只落得徒劳地搜寻他渴望找到淡水的那个海岛，甚至根本就找不到他最终想要抵达的那块陆地。这种"航位推测法"往往会让他送掉老命。

因为不知道经度，长途航行的时间会拖得更长，而水手们长时间待在海上很容易患上一种叫作坏血病的可怕疾病。当年海上的伙食中缺少新鲜水果和蔬菜，水手们维生素C摄入量不足，因此会引起身体结缔组织的坏死。他们的血管会出血，即使没受什么伤，整个人看上去也是遍体鳞伤的，而一旦真受了伤，伤口又不能愈合。他们的双腿会浮肿，会因为自发性出血渗入肌肉和关节而痛苦不堪。他们还会牙龈出血，牙齿松动。他们会呼吸困难，身体虚弱。一旦脑血管破裂，他们就会一命呜呼。

航船在全球范围内缺乏经度信息，除了可能使人员遭受痛苦之外，还会造成规模巨大的经济损失。它将远洋轮船局限在安全有保障的几条狭窄航道上。因为只能靠纬度进行导航，捕鲸船、商船、战舰和海盗船都聚集在这些繁忙的航道上，并沦为彼此的劫掠对象。比如，在 1592 年，一个由 6 艘英国军舰组成的舰队隐藏在亚速尔群岛的外海，准备伏击从加勒比海返航的西班牙商船。这时，从印度返航的巨型葡萄牙大商船"圣母"号（Madre de Deus）进入了他们的埋伏圈。尽管"圣母"号上配备了 32 杆铜管枪，但还是很快就败下阵来，并失去了一大批珍贵的货物。这艘船的货舱中装着成箱的金币、银币、珍珠、钻石、琥珀、麝香、壁毯、织锦和乌檀木，还装载着数以吨计的香料——胡椒 400 多吨、丁香 45 吨、肉桂皮 35 吨、肉豆蔻干皮和肉豆蔻各 3 吨。结果证明这艘"圣母"号价值 50 万英镑，大致相当于当时整个英国国库年净收入的一半。

到 17 世纪末，每年都有将近 300 艘轮船往返于不列颠群岛与西印度群岛之间，忙着与牙买加进行贸易。因为这些货船中的任何一艘出现闪失都会造成难以估量的损失，商家们都企望能避免发生这种无法避免的意外事故。他们渴望发现秘密航道，而这又意味着必须找到一条测定经度的途径。

曾作为一名军官在英国皇家海军中服役的塞缪尔·佩皮斯[1]，

---

1 塞缪尔·佩皮斯（Samuel Pepys, 1633—1703），英国文学家兼海军行政长官。佩皮斯主要以他在 27 岁至 36 岁（1660—1669）这 10 年间所写日记而闻名。日记是用速记写的，共计 4 开本 6 卷，125 万字，他的日记囊括了对伦敦大火（1665 年）和大瘟疫（1666 年）的详细描述，也是一部最杰出的艺术作品，成为继《圣经》和鲍斯韦尔的《约翰逊传》之后英语中的最佳枕边读物。

对当时的导航技术所处的可怜状况大感震惊。他在评论自己1683 年到丹吉尔（Tangiers）的一次航行时写道："大家都处于一片混乱中——对于如何改进估测结果各有各的办法，又都有自己的一套荒谬说辞，而对估测结果所采取的态度更是乱糟糟的。从中可以很清楚地看出，若非万能的上帝赐予恩典，若非吉星高照，若非大海辽阔无边，在航海中还会出现更多的灾难和厄运。"

致使 4 艘战舰沉没的锡利群岛海难，说明佩皮斯这段话很有先见之明。1707 年这次事故的发生地距离英国航运中心太近了，于是经度问题就一跃成为英国国家事务中的头等大事。原本就已吃过好几个世纪的苦头了，现在一下子又断送掉这么多生命、这么多战舰和这么多的荣耀，于是在不具备测定经度手段的情况下，进行远洋导航的荒唐性就越发凸显了。克洛迪斯利爵士舰队遇难将士们（献身于经度事业的 2000 位新殉难者）的冤魂，更促成英国出台了著名的 1714 年经度法案。在这项法案中，国会承诺为解决经度问题者提供一笔 20 000 英镑的奖金。

1736 年，一位名叫约翰·哈里森的不知名钟表匠带着一种大有前途的解决方案，登上英国皇家舰队的"百夫长"号（Centurion）前往里斯本试航。船上的军官们目睹了哈里森的时钟可以怎样改进他们的估测结果。事实上，当哈里森那新奇的装置表明他们在返回伦敦途中偏离航线 60 英里时，他们都很感激他。

然而，到 1740 年 9 月，当"百夫长"号在分舰队司令官乔治·安森[1]的指挥下启程驶往南太平洋时，经度时钟却被留在岸上——依旧立在哈里森位于红狮广场的家中。当时，我们的发明家已经完成了这台钟的第二次改进，并且正在家中辛勤地进行第三次进一步的改进。但是，这些发明还没有得到普遍认同，甚至在接下来的50年里也没有得到广泛应用。因此，安森的舰队在进入大西洋航行时，靠的还是老一套：高超的船舶驾驶技术、纬度读数以及"航位推测法"。在经过了一次异常漫长的远洋横渡之后，舰队完好无损地抵达了巴塔哥尼亚（Patagonia），但是接下来却因为在海上失去了经度信息，引发了一场大悲剧。

到1741年3月7日时，安森的"百夫长"号的船舱里已经弥漫着坏血病的臭气。在这种情况下，它穿过勒梅尔海峡（Straits Le Maire），从大西洋进入了太平洋。当他们正沿合恩角绕行时，风暴从西面袭来。风帆给扯成了碎片，船也剧烈地颠簸起来，好些失去把持的人都因跌撞当场毙命。风力有时会减弱一点，但那只是为更猛烈的袭击积聚力量，就这样"百夫长"号饱受了58天无情的折磨。狂风中还夹杂着暴雨、冻雨和冰雹。同时，坏血病也一直在消耗着船组人员，每天都会夺走6～10条性命。

安森顶着这一连串的打击，基本上是沿着南纬60°一路向西

1　乔治·安森（George Anson，1697—1762），英国海军上将。他于1740年率领的"百夫长"号是第一艘越过太平洋到达中国水域的英国船只。1751—1756年和1757—1762年两度任海军大臣。他改革了英国舰队组织，修正了作战方案，建立了海军陆战队，提高了英国舰队的作战能力。他著有《环绕世界航行》一书，描写了他的航海经历。

航行，直到他自以为已经抵达了火地岛[1]以西 200 来英里的地方。他的舰队中另外 5 艘船在风暴中跟"百夫长"号失散了，其中有几艘就这样永远消失了。

当安森碰到两个月以来的头一个有月光的夜晚时，他预计海面终于要风平浪静了，就掉转船头，向北驶往一向享有"人间天堂"美誉的胡安·费尔南德斯岛[2]。他知道，在那里他可以为部下们找到淡水，以救危济难和延续生命。在到达那里之前，他们都只能靠希望支撑着活下去——希望在辽阔的太平洋上航行几天后，能找到那座如沙漠绿洲般的海岛。当雾气消散，安森马上看到了陆地，而且已近在眼前，可那是位于火地岛西端的诺戈尔岬（Cape Noir）。

这是怎么回事？难道他们一直开反了方向吗？

原来是强劲的海流破坏了安森的计划。他一直以为他们的船在向西行进，但实际上几乎在原地踏步。因此，他别无选择，只有重新往西航行，再往北以求生存。他心里明白，如果再失败，如果水手的死亡率还是这样居高不下，那么存活下来的人手就连扬帆远航都要不够了。

根据 1741 年 5 月 24 日这一天的航行日志记载，安森最终还是将"百夫长"号开到了胡安·费尔南德斯岛所在的南纬 35° 纬

---

1 火地岛（Tierra del Fuego），南美洲最南端岛群。主岛火地岛略呈三角形，隔麦哲伦海峡与南美大陆相望。群岛约 2/3 属智利，1/3 属阿根廷。群岛于 1520 年为航海家费迪南德·麦哲伦所发现，但直到 1826—1836 年始由英国海军对该地进行系统勘测。
2 胡安·费尔南德斯岛（Juan Fernández Island），南太平洋上小岛群，许多岛屿都是海底山脉突出海面的火山峰。位于智利瓦尔帕莱索地区以西 650 千米。

线上。接下来只需沿着纬度圈航行就可靠岸停泊了。但是该往哪
个方向开呢？胡安·费尔南德斯岛现在是位于"百夫长"号的东
面还是西面呢？

对此谁都没把握。

安森猜的是西面，因此就朝那个方向开了。但是，在海上令
人绝望地漂泊了 4 个昼夜后，他对原来的选择完全丧失了信心，
于是又掉转船头往回开。

在"百夫长"号沿着 35° 纬线圈往东开了 48 小时后，他们
终于看到了陆地！但那是西班牙所属智利的山崖海岸，根本没法
登陆。这一震惊迫使安森在航行方向和思维方式上再次来了个
180° 的大转弯。他不得不承认，在放弃向西航行并掉头往东时，
他们距离胡安·费尔南德斯岛也许已经只有区区几个小时的航程
了。于是，这艘船不得不再次原路返回。

1741 年 6 月 9 日，"百夫长"号终于在胡安·费尔南德斯岛
抛下了锚。在为寻找该岛而费尽周折的两个星期里，安森又赔进
去 80 条性命。尽管他是一位有能耐的航海家，可以保证船在具
有合适深度的水中航行，从而避免船员们因触礁而大规模地溺水
身亡，但是他的延误却让坏血病得到了肆虐的机会。安森帮着将
病倒的海员用吊床运上了岸，接下来却只能眼睁睁地看着病魔将
他们一个接一个地从他手里夺走。最后，原来的 500 人死去了一
大半。

第三章　漂泊在时钟机构般的宇宙中

有天夜里，我梦见自己和托勒密一道，

被锁进了天父的手表。

表内有 21 颗红宝石星星，

镶嵌在众天层之上；

原动天像发条一样盘卷，

闪着光，直通宇宙边缘。

带齿槽的各天层彼此啮合，

转到时间齿轮的最后一齿时，

表盖就合上了。

——约翰·西阿迪 《天父的手表》

肖维尔爵士和安森司令的经历表明：哪怕是最好的水手，一旦看不到陆地，仍然会迷失方向 ——大海根本就没法为测定经度提供任何有用的线索。不过，天空倒有可能为此带来一丝希望：通过天体间的相对位置，也许可以解读出经度。

日出又日落，黑夜接白昼；月圆又月缺，月份在更迭；夏冬至，春秋分，四季循环转不停。不断公转自转着的地球，像是宇宙天钟齿轮上的一颗轮齿；自古以来，人们就是根据地球运动来确定时间的。

当海员们转向天空寻求导航帮助时，他们发现天空兼具罗盘和时钟的双重功能。星座（特别是柄上包含北极星的小熊星座）在夜晚可以指示出航行的方向——当然天空必须晴朗才行。而在白天，人们则可以通过对太阳的运动进行追踪，同时获得方向和时间信息。于是，人们看着太阳像个橘红色的火球，从东面的海上冉冉升起；随着它越爬越高，颜色也逐渐由黄色变成刺目的白色；到正午时分，太阳会暂停在运行轨道上——那情形就像是向上抛出的小球，在上升和下降交替的一瞬，会短暂地在空中停住。这相当于"正午报时汽笛"。每个晴朗的日子，人们就在这个时刻重新设定计时沙漏。现在人们只需要一个天文事件，可以给出其他地方在此刻的时间就行了。比如说，如果预测到马德里在午夜时分会发生月全食，而驶向西印度群岛的海员们在当地晚上 11 点观测到了这一天文事件，那么他们就知道自己所处的地理位置比马德里早一个小时，也就是说他们的经度在马德里西面 15°。

但是，日食和月食都不会频繁出现，远远没法为导航提供什么实质性的帮助。如果运气好，人们也许可以指望每年用这种方法校准一次经度。但是，海员们需要的却是一种每天都会出现的天文事件。

早在 1514 年，德国天文学家约翰尼斯·沃纳（Johannes Werner）就偶然地发现了一种利用月球运动确定位置的方法。月亮每小时的运行距离大致等于它本身的宽度。在夜间，它看上去就像是迈着这种庄严的步伐，走过繁星密布的旷野。在白昼（每个月有一半的日子，月亮白天也会挂在天上），它又会靠近或远离太阳。

沃纳曾建议天文学家画出月亮运行轨迹两旁的星星位置，并年复一年、月复一月地预测：在未来每一个有月光的夜晚，月亮何时会与哪颗星星擦肩而过。类似地，也可以按时辰绘出太阳和月亮在白昼的相对位置。然后，天文学家就可出版所有月亮运行轨迹的数据表格，预先给出在经度被选定为零度参考点的某地（比如，可以是柏林或纽伦堡），月亮和某颗星星交会的时间。有了这个信息，领航员就可将他观测到月亮靠近某颗星星的时间和参考地发生同一事件的时间进行比较。于是，他可以求出两地时间相差多少小时，再乘以 15°，就能确定自己所处的经度了。

这种"月距法"存在的主要问题在于：人们并不是很清楚群星的位置，而整个计算过程却有赖于此。而且，当时人们还没有详细地弄清月球运动所服从的自然法则，因此天文学家们不能根据某天或某晚的月亮位置，精确地预测出它在第二天的位置。此外，海员们也没有精确的仪器，可以在摇摇晃晃的船上测出月亮和星星之间的距离。这种思想太超前于那个时代了，人们只好继续寻找可揭示宇宙时间的其他线索。

1610 年，也就是在沃纳提出这个大胆设想近 100 年之后，伽利略在他位于帕多瓦（Padua）的阳台上，发现了一种自认为是人们梦寐以求的天体时钟。伽利略是最早用望远镜观察天空的科学家。他用望远镜看到了许多让他发窘却又丰富多彩的细节：月球上有山，太阳上有黑子，金星有相位，土星外绕一环（他将它错误地当成了两个紧靠在一起的卫星），而且有 4 颗卫星绕着木星旋转——就像这颗行星围绕太阳旋转一样。后来，伽利略将这 4

颗卫星命名为美第奇星（Medicean Star）。他用这些新发现的卫星讨好他在佛罗伦萨的庇护人科西莫·德·美第奇，以便在政治上获得关照。很快，伽利略又发现这些卫星除了可以为自己谋利外，还可以为航海事业服务。

伽利略不是海员，但是跟那个时代的其他自然哲学家一样，他也知道经度问题。在接下来的一年中，他耐心地观察了木星的卫星，计算出这些卫星的运动周期，并记下了这些小天体消失在中央大天体——木星的阴影背后的次数。根据这些卫星的运行情况，伽利略找到了解决经度问题的方法。他声称，木星的卫星每年会发生上千次卫星蚀，而且其发生时间是可预测的，因此可用于校准时钟。他根据观测结果绘制了一张表格，以预报未来几个月内每颗卫星消失和重新出现的时间。伽利略梦想借此获得荣耀，盘算着有那么一天，各国的海军都会采用他的天体运行时间表进行导航。这个时间表又被称作星历表。

伽利略将他的计划写信告诉了西班牙国王菲利普三世，因为后者承诺过以达克特[1]的形式为"经度的发现者"提供一笔丰厚的终身津贴。但是，当伽利略向西班牙宫廷提交他的方案时，距发布悬赏公告的1598年已过去了近20年，而可怜的菲利普也早已被各种稀奇古怪的来信折磨得精疲力竭了。菲利普三世的大臣驳回了伽利略的提议，理由是：水手们在船上观察卫星已属不易，自然更别指望他们经常能轻而易举地找到卫星，并据此进行导航。

---

1 达克特（ducat），旧时欧洲一些国家通用的一种金币。

何况，"木星时钟"不能在白天使用，因为此时木星要么不在天上，要么被太阳光遮蔽了。而夜间观测，一年中也只有部分日子能进行，而且还要求天空晴朗。

尽管存在这些明显的困难，伽利略还是设计出了一款特制的导航帽盔，可以根据木星的卫星测定经度。这种名叫"塞拉通"（Celatone）的帽盔，从外形上看，跟铜制防毒面具差不多，不过其中一个视孔连着望远镜。观测者可以通过"塞拉通"上的空视孔，用肉眼在天空中找到亮度稳定的木星，而另一只眼睛则可以利用望远镜观看木星的卫星。

伽利略是一位锲而不舍的实验科学家，他带着自己发明的新玩意，跑到里窝那港（Livorno），以证明其可用性。他还派了一名学生到航船上去做试验。但是，这种方法一直没得到人们的认可。伽利略本人也承认：即使在陆地上，观察者的心跳都有可能让整个木星跑出望远镜的视场范围。

尽管如此，伽利略还是试图将自己的方法兜售给托斯卡纳[1]政府和荷兰官员，因为这两个地方设立的奖金还一直没有人认领。但是，伽利略最终也没能获得其中任何一笔奖金，尽管后来荷兰人送给他一条金链，以表彰他为解决经度问题所付出的努力。

伽利略终其余生一直坚持观察他的这些卫星（现在已被恰如其分地更名为"伽利略卫星"），他一心一意地追踪着它们的运动——直到因为年纪太大、眼睛太花再也看不清它们为止。伽利

---

1 托斯卡纳（Tuscany），意大利中部的一个地区，原为城邦，下设佛罗伦萨、里窝那、比萨等十省。1861年2月18日正式归入意大利。

略在 1642 年去世，但人们对木星卫星的兴趣却并未随之消亡。到了 1650 年之后，伽利略测定经度的方法终于得到了普遍认同，不过仅限于陆地上。测量人员和地图制作家使用伽利略的方法对世界重新进行了测绘。正是在地图制作领域，这种测定经度的方法首次获得了巨大的成功。此前绘制的地图低估了欧洲与其他洲之间的距离，并夸大了各个国家的国界。如今，借助天体，便可以对大地进行权威性的丈量了。据说，法国国王路易十四在面对一张基于精确的经度测量重新绘制的本国地图时，曾抱怨说：他丢在天文学家手里的领土比丢在敌人手里的还要多。

伽利略的方法所取得的成功大大鼓舞了地图制作家，他们强烈要求进一步提高木星卫星蚀的预测精度。对这些事件的发生时间预测得越准，绘出的图就会越精确。因为一些国家的边界悬而未决，许多天文学家发现"观察木星的卫星，并提高所出版表格的精度"是一份收益颇丰的工作。1668 年，意大利博洛尼亚大学的一位天文学教授——乔凡尼·多美尼科·卡西尼，基于大量细致的观测，出版了当时最精确的表格。卡西尼也因制作了精良的星历表而受邀前往巴黎，到"太阳王"路易十四的宫廷做客。

尽管路易十四对领土面积缩水感到不快，但他对科学还是抱着支持态度的。1666 年，当他的首席大臣让·科尔伯特[1]提议创建法国皇家科学院时，他给予了大力支持。在解决经度问题的压

---

1 让·科尔伯特（Jean Colbert，1619—1683），法国政治家，路易十四的财政大臣。科尔伯特任法兰西学院院士时，曾创办法国科学院（1666 年）。在科尔伯特的鼓励下，路易十四创建了巴黎天文台。

力日益增大的形势下，再经过科尔伯特的极力劝说，路易国王批准了在巴黎建立天文台。接下来，科尔伯特又吸引著名的外国科学家到法国科学院来任职，并充实天文台的队伍。他聘请克里斯蒂安·惠更斯为科学院的创始人，并引进卡西尼担任天文台台长。（惠更斯最终返回了荷兰，并因经度方面的工作数次前往英国访问；而卡西尼则在法国扎下了根，以后也没再离开。卡西尼在 1673 年加入了法国国籍，现在也常被认为是法国天文学家，因此他的法国名字让 – 多米尼克和他的原名乔凡尼·多美尼科同样常用。）

卡西尼以新天文台台长的身份，派特使访问了丹麦的乌拉尼亚堡[1]遗址。乌拉尼亚堡是由第谷·布拉赫[2]——历史上最伟大的用肉眼进行观测的天文学家——建立的"天文堡"。利用在巴黎和乌拉尼亚堡两地对木星的卫星所进行的观测，卡西尼确定了两地的经度和纬度。卡西尼还号召波兰和德国的观测者们开展国际合作，观测木星卫星的运动，共同完成经度测量大业。

就在巴黎天文台大张旗鼓开展这项活动期间，来自丹麦的客座天文学家奥勒·雷默（Ole Roemer）有了一个惊人的发现：当地球沿轨道绕太阳运行到最靠近木星的位置时，木星的所有四颗卫

---

1 乌拉尼亚堡（Uranienborg），得名于古希腊的天文女神乌拉尼亚，是由天文学家第古·布拉赫于1576年建立的"天宫"，是望远镜发明（约1608年）以前最后一座古代天文台，又是第一座完全由国家资助并在天文学史上率先得到广泛可靠资料，包括编出1000多颗恒星星表的现代天文台。

2 第谷·布拉赫（Tycho Brahe, 1546—1601），丹麦天文学家。他所做的天文观测可能是望远镜发明之前最精确的。在他逝世前不久，他把自己一生精心观测的资料赠给他的学生和助手开普勒，为开普勒发现行星运动三大定律和牛顿发现万有引力定律创造了条件。

星都会提前发生卫星蚀。类似地，当地球运行到离木星最远的位置时，木星的卫星蚀又会比预期时间晚几分钟。雷默得出了正确的结论：这种现象可以用光的速度来解释。正如天文学家所宣称的那样，卫星蚀确实会遵循星体规律按时出现。但是，在地球上观测到这些卫星蚀的时间，还取决于来自木星卫星的光线在到达地球前，要在太空中穿越多远的距离。

在此之前，人们都认为光线不是以人类能测得出来的有限速度运动的，而是瞬时从一个地方到达另一个地方。雷默意识到以前测量光速的试验之所以失败，原因就在于测试距离太近。比如说，伽利略就曾经徒劳地进行过试验——他试图测量一座意大利山峰上的灯光到达另一座山峰上的观察者眼中所需要的时间。不管他和他的助手登上的山峰相距多远，他都毫无例外地测不出速度。但是，在雷默现在这个试验中（尽管是无意中进行的），地球上的天文学家观察的是从另一颗星球的阴影中重新出现的卫星所发出的光。在穿越了这么遥远的星际距离之后，光信号的到达时间就显示出了不同。1676 年，雷默首次利用偏离卫星蚀预测时间的大小，测出了光速。（他估计的光速略低于现在的公认值——每秒 30 万千米。）

与此同时，英国的一个皇家委员会正着手进行一项徒劳无益的工作：研究在远洋船上用罗盘磁针偏角测定经度的方案是否可行。英国国王查理二世拥有世界上最大的商贸船队，因此他强烈地感觉到了解决经度问题的急迫性，并渴望这个问题能在英国人手里得到解决。查理的情妇，一位名叫路易丝·德·克劳内尔

（Louise De Keroualle）的年轻法国女人，向他报告了这样一条消息：她的一位同胞找到了一种测定经度的办法，而且他最近渡过英吉利海峡来到了英国，想恳请英王陛下听他阐述一下自己的思想。查理同意听他完整地讲解自己的方案。

尽管巴黎方面很热衷于用木星的卫星测定经度，但这位名叫圣皮埃尔（Sieur de St. Pierre）的法国贵族[1]并不赞成这种做法。他说他本人相信地球卫星具有更强的导航能力。他提议通过月亮和一些选定的恒星来测定经度，这跟160年前约翰尼斯·沃纳的想法差不多。英王觉得这个主意很有意思，于是就指示皇家委员会改变了工作重点。这个委员会的委员包括罗伯特·胡克[2]——一个对使用望远镜和显微镜同样得心应手的博学之士，以及圣保罗大教堂[3]的建筑师克里斯托弗·雷恩[4]。

为了对圣皮埃尔的提议进行评估，皇家委员会召来了27岁的天文学家约翰·弗拉姆斯蒂德，并请他提出专家意见。弗拉姆斯蒂德在提交的报告中断言："这种方法在理论上是合理的，但非常

1 罗伯特·默顿的《十七世纪英格兰的科学、技术与社会》的中译本（范岱平等译，商务印书馆，2000年）将这个名字译作"勒西厄·德·圣彼埃尔（Le Sieur de St.Pierre）"。本书海南版译本（汤江波译，海南出版社，2000年）将它处理为"来自圣皮埃尔的先生"显然不妥。据哈佛大学科学史系马里奥·比亚焦利（Mario Biagioli）教授解释，"Sieur de"为一种法国贵族称号，因此这里译为"名叫圣皮埃尔的法国贵族"。
2 罗伯特·胡克（Robert Hooke, 1635—1703），英国物理学家。发现名为胡克定律的弹性定律，并将之应用到钟表平衡摆的螺旋弹簧的设计上。他在包括生物学在内的诸多领域都作出了很有意义的研究。
3 圣保罗大教堂（St. Paul's Cathedral），英国圣公会伦敦主教座堂，也是英联邦的牧区教堂。旧圣保罗大教堂在1666年伦敦大火时焚烧，现存建筑由克里斯托弗·雷恩爵士设计，是一座古典式和哥特式混合型风格的建筑。
4 克里斯托弗·雷恩（Christopher Wren, 1632—1723），英国天文学家、几何学家、物理学家和杰出的建筑师。他的设计风格多变，不拘一格，最杰出的代表作是圣保罗大教堂，其造型后来被誉为"标准设计"。直到18世纪，英国哥特式结构都受到他对哥特式的态度的影响。

不切实际。"得益于伽利略的影响，在接下来的数年中，人们也陆续研制出了一些还算不错的观测仪器，但一直没能画出令人满意的星图，也没有找出月亮的运行路径。

年轻而有胆识的弗拉姆斯蒂德建议国王建立一个天文台，并委派一名专员负责必要的工作，说这样也许会有助于扭转被动局面。国王接受了他的建议，还任命弗拉姆斯蒂德为首任御用"天文观测员"，这一头衔后来变成了皇家天文学家。英王下令建立格林尼治天文台，并在委任状上责成弗拉姆斯蒂德"以最大限度的细心、尽最大的努力，修正天体运行表格和恒星位置，以便人们在海上能确定渴望已久的经度，从而完善航海技术"。

后来，弗拉姆斯蒂德本人在追述这些事件的转变过程时写道：查理国王"当然不愿意他的船主和水手们被剥夺任何机会，而是希望他们能把握天空可能提供的任何帮助，使航行变得更加安全"。

因此，和此前的巴黎天文台一样，英国皇家天文台建立的初衷也是借助天文学的手段来解决经度问题。所有遥远的星星都得编入星表，以便能绘出航海路线图，供在地球洋面上航行的船员们使用。

雷恩委员设计了皇家天文台。秉承国王的旨意，他将天文台的地址定在格林尼治公园的最高处，并在里面为弗拉姆斯蒂德和一名助手附设了宿舍。胡克委员负责具体的施工。这座天文台在1675年6月开始动工兴建，花了大半年时间才竣工。

弗拉姆斯蒂德在第二年5月入驻天文台（他住过的那所房子

至今还被称作"弗拉姆斯蒂德之屋")。到 10 月,他就筹措到了足够多的仪器设备,并尽快投入了工作。弗拉姆斯蒂德为完成国王交给他的任务,在岗位上奋斗了 40 多年。他编纂了一本优秀的星表,但该书在 1725 年出版时,他已去世。此时,艾萨克·牛顿爵士已通过他的万有引力理论,帮助人们消除了对月球运动的困惑。这一进展也鼓舞了人们,让他们梦想着有朝一日能借助天空揭示出经度。

与此同时,远离天文学家们流连的那些山头,工匠和钟表匠们在探索解决经度问题的另一条途径。一个有望实现的理想导航之梦告诉人们:船长只需简单地比对一下自己的怀表和另一台指示始发港正确时间的恒定时钟,就可以在舒适的船舱内测定经度。

第四章　装在魔瓶里的时间

钟表间不存在神秘交流又有什么关系？

当秋日和风从丽日上盘旋而下，

翩翩落叶自然会像百万旅鼠[1]一样

从马路两旁轻掠而过。

一件事不过是小小的一片时空，

你可以将它塞入猫儿眯缝的眼中邮走。

——戴安娜·阿克曼　《钟表间的神秘交流》

　　时间之于钟表，恰似思想之于大脑。时钟或手表以某种方式承载了时间。但是，时间可不愿像《天方夜谭》中那个被关在神灯里的妖精一样受到禁锢。不管它是像沙子一样撒落，还是随着一个啮一个的齿轮转动，就在我们进行观察的时候，时间已无可挽回地溜走了。就算沙漏的玻璃球破碎，就算日晷上的投影被黑

---

1 旅鼠是北极分布最广、繁殖力最强的一种食草性动物。据说，当旅鼠的数量急剧膨胀到一定程度时，它们会显示出一种非常强烈的迁移意识，除了少数留守下来担当传宗接代的神圣任务外，其余的会聚成一大群开始集体迁徙。开始时似乎没有什么方向和目标，到处乱窜，但是后来，却忽然朝着同一个方向，浩浩荡荡地进发。沿途不断有老鼠加入，使队伍愈来愈壮大，常常达数百万只！它们往往是白天休整进食，晚上摸黑前进，沿着一条笔直的路线奋勇向前，直奔大海，然后纷纷跳下去，直到全军覆没。不过，许多专家认为旅鼠不会集体自杀。它们的数量为什么会出现周期性的变化，是一个还没有定论的生物学课题，可能与天敌、食物、气候、季节等因素有关。可以参看迪士尼在 1958 年拍摄的纪录片《白色荒野》。

暗笼罩，就算所有表针都因主发条完全松弛而静静地停住，时间还是会照常流逝。我们顶多只能指望手表显示出时间的推移。因为时间有自己的节拍，就像心跳或涨落的潮水一样，时钟并没有真的留住时间的脚步。它们只是跟上了时间的步伐而已——如果做得到这一点的话。

一些钟表爱好者猜想，如果让海员们像携带一桶淡水或一块牛肋肉一样，将始发港的时间也带上船，那么好的计时设备也许就足以解决经度问题。早在1530年，佛兰芒[1]天文学家盖玛·弗里修司[2]就曾主张用机械钟表作为确定海上经度的一种手段。

弗里修司这样写道："在我们所处的这个时代，我们见到了各种小型钟表。它们大小适中，制作精巧，不会给旅行者带来什么麻烦。"我想他的意思应该是：对富有的旅行者来说，这些小钟表在重量和价格方面都不会成为负担；当然，它们在计时精度上会差点儿。"而且还能借助它们测定经度。"不过，弗里修司明确表示，要做到这一点需要满足两个条件，即在出发的时候要以"最高的精度"拨准钟表，而且在航行时它的走时也不能出偏差。这两个条件实际上排除了在那个年代运用这种方法的可能性。直到16世纪前叶，也没有哪块钟表能胜任这项工作。因为它们不够精

---

1 佛兰芒（Flemish），近代比利时的两个主要的文化语言集团之一，主要住在西部和北部，讲荷兰语诸方言（一般称佛兰芒语）。
2 盖玛·弗里修司（Gemma Frisius，1508—1555），鲁汶大学的数学教授和查理五世皇帝的御用天文学家。他于公元1530年在荷兰建议，不妨用一具准确的机器钟来决定测量经度的标准时间，钟走的是本初子午线的当地时间，就像现在的格林尼治时间一样。

确，也没法保证在外海温度变化时仍然走得准。

英国的威廉·坎宁安（William Cunningham）是否听说过弗里修司的提议，人们并不清楚，但他在 1559 年确实重新唤起了人们对时计法的兴趣。为了应用这种方法，他还建议人们使用"从佛兰德斯[1]之类的地方带过来的"手表或用"在伦敦西门外[2]就能搞到的"手表。但是，这些钟表每天走时误差通常会高达 15 分钟，因此其精度还远远达不到确定地理位置的要求。（以相差的小时数乘上 15° 得出的只是一个粗略的位置；人们还得将分钟数和秒钟数除以 4，才能把时间读数精确地转换成弧度数和弧分数。）1622年，英国航海家托马斯·布伦德威尔（Thomas Blundeville）提议在进行越洋航行时使用"某种真正的钟表"来测定经度，但直到此时钟表技术还是没有取得显著的进步。

不过，手表的缺点并没有扑灭人们的梦想，他们依然相信：手表一经完善，就有可能用来测定经度。

伽利略在他还只是医学院的一名年轻学生时，就曾成功地用单摆解决了脉搏测量问题。年长之后，他又萌生过制作第一台摆钟的念头。据伽利略的门生兼传记作者文森佐·维维安尼（Vincenzo Viviani）说：1637 年 6 月，这个伟人描述了将单摆应用于"带齿轮装置的钟表，以协助领航员测定经度"的思想。

1　佛兰德斯（Flanders），中世纪公国，在低地国家西南部。包括今法国的北部省、比利时的东佛兰德斯省和西佛兰德斯省以及荷兰的泽兰省。15—17 世纪佛兰德斯省归属西班牙（后为奥地利）哈布斯堡王室统治。在法国革命战争过程中，佛兰德斯省已不再是一个政治实体。
2　原文为"Without Temple barre"。本书作者认为是指"Temple barre 外面的地区"，哈佛大学科学史系的马里奥·比亚焦利教授则认为其大致指的是 Temple 门之外，而"Temple barre"曾是伦敦西门，因此应该可以译作伦敦城外。译者综合二人意见进行了处理。

相传，伽利略早年在教堂里的一次神秘经历，促使他洞察到了可以用单摆进行计时。故事是这样的：一盏从教堂大屋顶上垂下来的油灯，让阵阵穿堂风吹得摇来摆去，直叫人犯困。伽利略观察到，教堂司事抓住油灯托盘，点着灯芯；在灯盏重放光明后，教堂司事就松开手并顺势推了一把；于是枝形吊灯又开始摆起来，而且这一次摆动的幅度更大了。伽利略用自己的脉搏测量了吊灯的摆动时间，发现摆绳的长度决定了摆动的速率。

伽利略一直有意利用这个非凡的观察结果来制作一台摆钟，但始终没找到机会。他儿子文森佐根据他画的图纸，造出了一个模型。后来，佛罗伦萨城的元老们根据那个设计模型的预测，建造了一座屋顶钟。但是，制成第一台可运转的摆钟的殊荣，最终落在了伽利略的学术继承人克里斯蒂安·惠更斯头上。惠更斯是一位荷兰外交官的儿子，他虽然继承了家里的土地和财产[1]，却把科学研究当成了自己的命根子。

惠更斯也是一位很有天分的天文学家，他看出伽利略观测到的土星"卫星"实际上是一个环，尽管这在当时看来有点不可思议。惠更斯还发现了土星最大的卫星，并将它命名为"泰坦"[2]。此外，他还是第一个注意到火星斑点的人。但是，惠更斯不愿意将全部精力都耗在望远镜前。他头脑里总有太多的事情要办。据说

1 原文为"landed son"。本书海南版译本译作"难缠的儿子"，令人费解。我通过电子邮件向马里奥·比亚焦利教授请教，他说这是一种很奇怪的用法，也许不正确，他觉得唯一合理的解释是"惠更斯继承了家里的土地和/或头衔"，但是当时他家刚成贵族，而惠更斯似乎一直也没获得过贵族头衔。后来联系到本书作者，她解释说：这里指的是惠更斯继承了他父亲的土地和财产。
2 "泰坦"（Titan），即土卫六。

他还曾斥责过他在巴黎天文台的上司卡西尼，因为台长大人只会整天埋头进行天文观测。

惠更斯以第一个伟大的钟表制作家而著称。他发誓自己未曾受过伽利略工作的启发，而是独自产生了摆钟这个想法。确实，他在1656年制作的第一台摆控时钟，表明了他对钟摆运动的物理机理以及如何保持恒定的运动速率等问题都有着更深的理解。两年后，惠更斯出版了一本专著《时钟》（*Horologium*），专门阐述摆钟的原理。在书中，他声称他的时钟是一台适于确定海上经度的仪器。

到1660年时，惠更斯根据他阐述的原理，造出了两台而不是一台航海钟（Marine Timekeeper）。在接下来的几年里，他请愿意跟他合作的船长带上这两台钟出海，并对它们进行了仔细的测试。在1664年进行第三次这种试验时，惠更斯的时钟随船航行到了北大西洋中靠近非洲西海岸的佛得角群岛，然后返航。在整个往返航行的过程中，这两台钟一直都能准确地给出船所在的经度。

这样，惠更斯就成了这个领域公认的权威。他在1665年出版了另一本著作"Kort Onderwys"[1]，这是一本关于如何使用航海钟的说明书。但是，接下来的几次航行却暴露出这些仪器的脆弱性。

---

1 "Kort Onderwys" 是 "Kort Onderwys Aengaende het gebruyck Der Horlogien Tot het vinden der Lenghten van Ost en West" 这个荷兰语标题的缩写。该书发表于1665年，它的第一个英语译本出现在1670年英国皇家学会的《哲学汇刊》上，题目译为《使用钟摆确定海上经度的说明书》（*Instructions concerning the Use of Pendulum-Watches, for finding Longitude at Sea*）。——根据作者的朋友威尔·安德鲁斯所提供的资料译出。

它们好像只有在天气好的情况下才能正常工作。当狂风掀起的巨浪将船打得东摇西晃时，钟摆的正常摆动就会受到干扰。

为了规避这个问题，惠更斯发明了螺旋平衡弹簧，代替钟摆来设定时钟的转速。他还于1675年为这项技术申请了法国专利。当惠更斯碰上罗伯特·胡克这个性格火暴而又刚愎自用的竞争对手时，他再次感到有必要向世人表明自己才是这项计时新技术的发明人。

胡克在科学领域已经取得了几项名垂青史的成就。作为一位生物学家，他在观察昆虫肢体、鸟类羽毛和鱼鳞的显微结构时，用"Cell"（细胞）这个词来称呼他在生物体内辨认出的那些小室。胡克还是一位测绘师和建筑师，他在1666年伦敦大火[1]之后还帮助重建了这座城市。作为一位物理学家，胡克又在光的特性、引力理论、蒸汽机的可行性、地震的起因和弹簧的运动等方面进行了探索。正是在发明游丝盘绕平衡弹簧这件事上，胡克与惠更斯发生了冲突，他宣称这个荷兰人窃取了他的成果。

胡克与惠更斯就一项螺旋平衡弹簧的英国专利发明权所引发的冲突，一度使皇家学会的好几次会议被迫中断。这起争端终于被搁置，而冲突双方对所作出的裁决都不满意。

最后，尽管胡克和惠更斯谁也没有造出一台真正的航海钟，但他们还是斗个没完。这两大巨人各自遭到的惨败，似乎又给用时钟解决经度问题的前景蒙上了一层阴影。同时，天文学家们还

---

1 伦敦大火，指发生在1666年9月2日至5日伦敦历史上最严重的一次火灾，曾烧毁大多数公用建筑，包括圣保罗大教堂、87个教区教堂、约13 000幢民居。

在努力收集必要的数据，以便应用"月距法"。他们对时计法不屑一顾，并为有机会跟这种方法划清界限而感到欢欣。在他们看来，经度问题的解决途径将来自天空 —— 来自时钟机构般的宇宙，而非普通的时钟。

第五章 怜悯药粉

这所学院要丈量全球，

将最渺茫的梦想化为现实；

他们还要通过测定经度，

将航海变成乐事。

从今往后，每个水手都可随意驾船，

轻轻松松，直开到澳洲新西兰。

——无名氏（1660 年左右）《格雷沙姆学院民谣》[1]

17 世纪末，当各家学术团体的成员们还在为如何解决经度问题而争论不休时，无数的怪人和投机分子纷纷抛出了自己的小册子，宣扬他们为确定海上经度提出的轻率计划。

这些古怪方法中最有趣的，无疑是在 1687 年提出来的"伤狗学说"了。其预测方法基于一种叫作"怜悯药粉"的江湖郎中药方。这种神奇的药粉是由法国南部一位闯劲十足的肯内姆·迪格

---

1 据罗伯特·默顿的《十七世纪英格兰的科学、技术与社会》，这是在英国皇家学会开始于格雷沙姆学院聚会之后不久写就的一首民谣，反映出人们对利用磁针变化测定经度的普遍赞赏。该书的中译本将这首民谣译作："学院要将整个世界丈量，此事实在最最荒唐；但是因此发现了经度，使航海心旷神怡；水手们能够轻而易举，能把任何船只驶向极地。"有人认为它是威廉·格兰维尔（William Glanvill）写作的《赞美每周在格雷沙姆学院聚会的哲学家和智者酌可挑选的集会》，参见 Charles R.Weld, *A History of the Royal Society*, Vol. I，pp.79—80。也有人认为作者或许是约瑟夫·格兰维尔（Joseph Glanvill），参见 Dorothy Stimson, "Ballad of Gresham College", Isis, XⅧ, 1932, pp.103—117。

比爵士[1]发明的，据说有远程疗伤的功效。要发挥"怜悯药粉"的魔力，人们只需将它涂在病人的一件物品上就可以了。比如说，在包扎过伤口的一小段绷带上撒些"怜悯药粉"，会加速伤口的愈合。不幸的是，这个愈合过程往往伴随着疼痛。有流言说，肯内姆爵士——出于治疗的目的——在割伤了人的刀子上撒上药粉，或将病人的衣物浸入用药粉泡制的药液中，病人就会痛得跳起来。

于是，用"迪格比药粉"解决经度问题的荒谬念头，很自然地出现在那些盲从者的头脑中：在起航时，把一条受伤的狗带上船去；将一个可靠的人留在岸上，并让他每天正午时分将包扎过狗的绷带浸入"怜悯药粉"的溶液中；这条狗必定会尖叫着作出反应，这样就可以给船长一个时间的提示。狗的尖叫声意味着："现在太阳到伦敦的天顶上了。"船长就可以将这个时间和他船上的本地时间进行对比，并相应地求出经度。当然，人们必须指望在海上相隔几千里格时，这种药粉的神力还能切实有效。还有很重要的一点是，不能让那道传递信息的伤口在几个月的航程中愈合掉。（有些历史学家建议，在一次远程航行中，可能要多次让狗受伤。）

在提出解决经度问题的这个方案时，也不知是出于真心还是出于讽刺，反正其作者指出：跟一个海员为导航牺牲掉一只眼睛

---

1 肯内姆·迪格比（Kenelm Digby，1603—1665），英国廷臣、自然哲学家、炼金术士、外交官。曾在法国居住，和笛卡尔及其他一些学者相友善，著有《论物体的本性》（*Treatise on the Nature of Bodies*）。

相比，让"一条狗忍受久伤不愈的苦痛"的做法并不算太恐怖和唯利是图。这个小册子称："在发明后象限仪（Back-Quadrants）之前，应用最广泛的还是十字测天仪[1]。那时，每20个老船长中就有19个会因为天天盯着太阳以确定航向，而成为独眼龙。"实际情况也差不多真的如此。当英国航海家兼探险家约翰·戴维斯[2]在1595年将反向高度观测仪（Backstaff，也称后视杆）用于导航时，水手们马上表示了热烈的欢迎，并称颂它是对旧式直角仪（cross-staff，也称雅各杆）进行的一项重大改进。原来的观测仪要求人们直接迎着耀眼的阳光，测量太阳相对于地平线的高度；而对眼睛的有限保护措施，也只不过是将仪器的视孔玻璃涂涂黑而已。以这种方式进行观测，要不了几年就足以毁掉人的视力。可是，又不能不进行观测。既然都有了早期的领航员们为确定经度而丧失一半以上的视力这种先例，现在还有谁会反对为达到同样的目的而弄伤几条可怜的小狗呢？

一种更为人性化的解决方案是使用磁罗盘。发明于12世纪的罗盘，已成为当时每条船上的标准装备。人们将罗盘装在常平架（Gimbals）上，以保证它在船颠簸时也能处于竖直状态；并将它保存在罗盘柜里，这样就可以既获得支撑，又免受风吹雨打。当

---

1 1530年后，西方航海家们普遍使用十字测天仪（Forestaff），又称雅各杆、金杖等。它由一根上下两端皆有孔的短杆垂直装在一根带有刻度尺的长直杆上；短杆可在长杆上前后移动，上下两孔可分别看到地平线和天体。先选定一颗定位星，海员把长杆按前伸方向放在眼前，从其一端观察，调整移动短杆，直到可从下孔看到地平线、同时从上孔看到星体。然后记下短杆在长杆标尺上的位置。这样可算出所观察星体的高度，从而得到船所在位置的纬度。

2 约翰·戴维斯（John Davis，约1550—1605），英国航海家。他发明了整个18世纪都在使用的象限仪。

乌云遮蔽了白日的太阳或夜晚的北极星时，罗盘可以帮助航海者
们寻找方向。不过，许多航海者相信，清澈的夜空和好罗盘配在
一起，还可以测出航船所处的经度。如果领航员既能读出罗盘的
指示，又能看到星星的方位，他就可以通过测量两个北极 —— 磁
北极和真实北极之间的距离来测定经度。

　　罗盘的指针指向磁北极，而北极星则高高地挂在真实北极上
空 —— 或者很靠近它的地方。当一艘船在北半球沿着某个纬线圈
向东或向西航行时，领航员可以注意到磁北极和真实北极之间的
距离如何变化：在大西洋中部某些子午线上看，这个距离好像很
大；而从太平洋的某些有利位置看去，这两个北极又似乎重合。
（可以用如下方法来模拟这种现象：将一整粒丁香[1]插在脐橙上距
离脐疤约 1 英寸的地方，然后在与眼睛齐平的平面上缓缓地转动
脐橙。）可以绘制一张海图，将磁北极和真实北极之间的距离与经
度联系起来；事实上，人们确实也为此绘制过许多海图。

　　跟那些天文学方法相比，这种所谓的磁偏法有一个显著的优
点：它不需要同时已知两个地方的时间，或者已知一个预测事件
何时发生。不需要彼此相减以确定时间差，也不需要乘上任何度
数进行换算。磁北极和北极星的相对位置就足以给出东经或西经
的度数了。这种方法似乎实现了在地球表面布上正确经线的梦想，

---

1 丁香（clove），与丁香花没有关系，是桃金娘科蒲桃属的一种植物，最初在印度尼西亚的香
　料群岛发现。这种热带树木的干花，形似小钉子，用作调味品，尤用作甜食的香料。在大航
　海时代，欧洲各国为争夺香料群岛的控制权而相互争斗，因为当时那里是世界上唯一可以找
　到珍贵的丁香和肉豆蔻的地方。现在已被引种到世界各地的热带地区，包括印度和斯里兰卡
　等，在中国海南、广东、广西也有种植。

但是它既不完备也不准确。罗盘的指针很少会在所有的时候都指向正北方，多数罗盘总会有一定的波动范围，甚至每次航行的波动幅度还会不同，因此很难进行精确测量。得出的结果还会进一步受到变幻莫测的地磁污染——正如埃德蒙·哈雷在历时两年的观测航程中所发现的那样，不同海域的地磁强度会时强时弱。

1699 年，英国威尔特郡（Wiltshire）斯托克顿教区 70 岁的神父塞缪尔·菲勒（Samuel Fyler），提出了一种在夜空中绘出经线的方法。他表示：他（以及任何对天文学更有造诣的人）能够识别出一排排从地平线直达天顶的星星。应该能从中找出 24 条由星星串成的子午线，使得每条对应着一天中的一个小时。菲勒推测，接下来的工作就很简单了：只需准备一张地图和一个注明每条子午线何时出现在加那利群岛上空的时间表就可以了（按当时的惯例，本初子午线经过加那利群岛）。水手在当地午夜时分观察位于头顶的是哪一排星星。为了方便表述，不妨假设他看到的是第四列星星，再假设他还知道时间，并根据他的表格，得出此时此刻位于加那利群岛上空的应该是第一列星星；这样便可以计算出他所处的经度位于加那利群岛以西 3 个小时，也就是西经 45°。但是，就算在晴朗的夜晚，菲勒的方法所需要的天文数据，也超出了当时世界上所有天文台已获得的数据，更何况它的推理过程本身就不太严密，有循环论证之嫌。

肖维尔上将 18 世纪初在锡利群岛遭遇的那场导致多艘舰船损失的海难，更增加了解决经度问题的迫切性。

在这场事故后，两个声名狼藉的角色——威廉·惠斯顿

（William Whiston）和汉弗莱·迪顿（Humphry Ditton）也加入这
场角逐中来。他们都是数学家，也是很要好的朋友，还经常在一
起进行内容广泛的讨论。惠斯顿曾接替他的导师牛顿，成为剑桥
大学卢卡斯数学讲座教授，但后来又因为一些非正统的宗教观点
（比如他对诺亚大洪水所作的自然解释）丢掉了这个职位。迪顿则
是伦敦基督公学（Christ's Hospital）数学教师组的组长。这俩伙计
在某个下午的一次愉快长谈中，偶然想出了一种解决经度问题的
方法。

后来，在他们将自己的思路重新整理成书时，迪顿先生解释
道：声音也许可以作为发给海员的一种信号。如果在某些时刻，
在一些已知的参考地点，有意地鸣放大炮或制造出其他的大声响，
那么就等于在海面布满了有声航标。惠斯顿先生真诚地附和道：
他记得自己在剑桥时，听到过和法国舰队交火的枪炮声，从 90 英
里外的苏塞克斯郡滩头岬（Beachy Head）传来。而且，他还由可
靠的消息来源得知，荷兰战争中炮弹的爆炸声可穿越"更为遥远
的距离，一直传到英格兰正中部"。

因此，如果让足够多的信号船停泊在各大洋上精心选定的关
键位置，只需比较期望信号已知的发出时间和在船上听到信号时
的实际时间，水手们就可以估算出自己跟这些静止的炮舰之间的
距离。有了这个信息后，如果再考虑到声音传播速度的因素，他
们就可以计算出自己所在位置的经度了。

不幸的是，当这两个人将自己的思路告知航海者时，得到的
答复是：声音在海上的传播不够可靠，没法用于精准地定位。要

不是惠斯顿突然又想出了将声音信号和光信号相结合的主意，这种方案也许早就寿终正寝了。他提议为信号炮填装加农炮弹，让它们射到1英里多的高空后再爆炸，这样水手们就可以记录看到火球后过多久才听到爆炸声——颇像气象上通过记录雷声滞后闪电多少秒的方法，来测量雷暴的距离。

当然，惠斯顿还担心利用炮弹爆炸的亮光在海上传递时间信号也可能发生闪失。因此，在1713年7月7日那天观看了为纪念"和平感恩节"而燃放的烟花后，他感到特别高兴。这使他确信，如果将一枚精确定时的炸弹送上6440英尺的高空（他认为这是当时技术能达到的最高极限），那么方圆100英里内的人肯定都看得到爆炸。在确证了这一点之后，他就和迪顿合写了一篇文章，列出实施这种方案的必要步骤，并刊登在随后一个星期的《卫报》上。

首先，必须派出一支新式舰队，在洋面上每隔600英里停泊一艘。惠斯顿和迪顿没看出这会有什么问题，因为他们误判了对锚链长度的要求。他们声称，北大西洋最深的地方也就只有300英寻[1]。实际上，该水域的平均深度达到了2000英寻，而且洋底有时还会下探到3450英寻以上。

作者们说：如果水太深，锚挖不到底，可以将一些重物抛入海中，让洋流将它们漂到较平静的海域，船只就能停稳了。不管怎样，他们都信心满满，觉得这些小问题可以通过反复试验得到

---

1 英寻（fathom），长度单位，1英寻相当于6英尺（约1.83米），主要用于测量水深和锚链的长度。

妥善解决。

更重要的是确定每艘船的位置。这个时间信号必须从已知经纬度的地方发出。因为不需要频繁地确定这些地点的经纬度，可以利用木星的卫星蚀来完成这项任务，也可以用日食或月食。或许也可以用"月距法"确定这些船的位置，免得过往船只还要进行艰难的天文观测或繁琐的计算。

领航员只需注意观看当地午夜时分发射的信号火光，并聆听炮声，就可放心地继续航行了，因为他有把握得出船只相对于海上某些固定点的位置。如果有乌云遮挡住了亮光，那么光听声音也足以确定位置。而且，也用不着等多久，下一艘信号船又可提供一次位置修正。

两位作者希望这些船可以得到自然豁免，不遭受海盗劫掠或来自敌对国家的攻击。事实上，它们应该受到所有有贸易往来国家的法律保护："如果有任何其他船只损坏信号船，或者出于娱乐、欺骗等目的模仿信号船的爆炸声，每个国家都应视之为严重的犯罪行为。"

很快，批评者就指出：就算能克服所有显而易见的障碍（其中一个不小的障碍就是完成这项任务所需的费用），还是存在相当多的问题。操纵这些船就需要几千人。这些人的处境比灯塔看守人更悲惨——不仅要忍受孤独和风霜雨雪的侵袭，也许还有饥饿的威胁，而且必须一直保持清醒状态。

1713 年 12 月 10 日，惠斯顿和迪顿的提议再次得到公开发表，刊登在《英国人》杂志上。1714 年，它又以图书单行本的形式出版，书名是《在海面上和陆地上测定经度的一种新方法》。虽然惠斯顿和迪顿的方法存在着致命的缺陷，他们却成功地将经度问题推向了解决之路。凭着顽强的意志和渴望得到公众认可的心理，他们联合了伦敦航运界的各路人马。1714 年春天，他们发起了一项请愿活动，请"皇家舰队舰长、伦敦商会代表以及商船船长"在请愿书上签了名。这份文件如同向英国国会下了一份挑战书，要求政府通过重赏能切实可行地在海上测定精确经度的人，关注经度问题，并促使经度问题早日得到彻底解决。

商人和海员呼吁成立一个委员会来关注这项工作的进展状况。他们要求设立一笔基金，支持人们对各种有望成功的思想进行研究开发。他们还要求向真正解决这个问题的人颁发一笔相当于"国王赎金"（A King's Ransom）的高额奖金。

第六章　经度奖金

她上身只剩一件粗布短背心，

原是她多年前做闺女时买的时新，

论长度现在虽然已难蔽体，

她对这唯一的好衣裳仍很得意。

——罗伯特·彭斯 《汤姆·奥桑特》[1]

商人和海员要求采取措施解决经度问题的请愿书，在 1714 年 5 月上呈给了威斯敏斯特宫[2]。同年 6 月，英国国会成立了一个专门的委员会，对面临的挑战作出回应。

在受命迅速采取行动后，委员们向时年 72 岁高龄的老前辈艾萨克·牛顿爵士以及他的朋友埃德蒙·哈雷求助，请他们提出专家意见。哈雷几年前就前往圣赫勒拿岛[3]绘制南半球的星图去了。当时，南半球的夜空基本上还是一片处女地。哈雷发表了 300 多颗南方星星的星表，为他赢得了入选英国皇家学会的荣誉。为了

---

1 本诗翻译参考了网络上的译文（诗中的"longitude"据上下文被译为"长度"），但未找到原译者为何人，特此说明和感谢。

2 威斯敏斯特宫（Palace of Westminster），又称国会大厦，是英国国会上下两院的所在地。威斯敏斯特宫位于英国伦敦威斯敏斯特市，坐落在泰晤士河西岸，始建于公元 750 年（都铎时代），占地 8 英亩，是世界上最大的哥特式建筑，于 1987 年被列为世界文化遗产。

3 圣赫勒拿岛（St. Helena）是南大西洋的一个火山岛（火山活动现已停止），隶属于英国。1815—1821 年它成为拿破仑一世的流放地，属英国王室管辖。第二次世界大战中，该岛具有战略意义。1960 年以后发展为电信中心。

测量地磁变化，他还曾广泛地进行远途航行。因此，他通晓经度方面的知识——他本人就曾积极投身于寻求经度问题的解决方案。

牛顿那天"神情疲惫"，但还是向委员们大声宣读了特意准备的书面意见，并回答了他们的提问。他总结了现存的各种测定经度的方法，并表示所有这些方法在理论上都是正确的，但"难以实现"。当然，他这样说在整体上有点保守。例如，牛顿对时计法作了如下评述：

"其中的一种方法是利用钟表进行精确计时。但是，由于存在着船只运动、温度和湿度的波动以及重力随经度而变化等困难，可以进行这种精确计时的钟表还没有造出来。"他暗示，将来也不太可能造得出来。

牛顿先提及钟表，再论述同样问题重重却多少更有希望一点的天文解决方案，其目的也许就是要用时计法当挡箭牌。他谈到，利用木星的卫星蚀测定经度的方法，虽然对航海者帮不上什么忙，但不管怎么说，在陆地上是行得通的。他说，其他天文方法有的要求预知某星体何时会消失在我们月球的背后，有的要求对日食或月食进行定时观察。他还提到了宏伟的"月距"计划。该计划通过在白天测量太阳和月亮的距离、在夜晚测量星星和月亮的距离的方式来测定经度。（就在牛顿发表这番演说的时候，弗拉姆斯蒂德正在皇家天文台为确定星星位置而头疼不已，而这项工作正是那种受到大肆追捧的"月距法"的基础。）

经度委员会将牛顿的证词写入了他们的正式报告。这份文件对所有方法都一视同仁，也没有在英国本土的奇思和外国的妙想之间分什么彼此。它只是敦促国会广泛征集各种可能的解决方案——不管它是来自哪个科学或艺术领域，也不管它是由哪个国家的个人或团体提出的——并对成功方案的提出者加以重赏。

真正的经度法案则是在安妮女王统治期间的 1714 年 7 月 8 日颁布的。这项法案贯彻了上述报告中的所有精神。就奖金而言，它分别设立了一等奖、二等奖和三等奖：

> 凡是有办法在地球大圆上将经度确定到半度范围内的，奖励 20 000 英镑 [1]；
> 凡是有办法将经度确定到 2/3 度范围内的，奖励 15 000 英镑；
> 凡是有办法将经度确定到 1 度范围内的，奖励 10 000 英镑。

因为 1° 的经度在赤道处的地球表面上跨度为 60 海里（相当于 68 英里），就算是零点几度的经度也会对应一个相当大的距离——因此，用具有这种精度的方法来确定船只相对于目的地的位置，还是会出现不小的误差。政府愿意投入如此巨大的一笔奖金，来重赏一种误差高达许多英里的"实际可用"的方法，这件事本身就已清楚地表明：英国不惜高昂代价，想要改变航海业所处的可怜境况。

经度法案确立了一个特选的评审小组，该小组后来被称作经

---

1 相当于如今的数百万美元。

度局（Board of Longitude）。经度局由科学家、海军军官和政府官员组成，行使奖金发放的决定权。皇家天文学家是经度局的当然委员（ex-officio member）。其他当然委员还有皇家学会会长、海军大臣、下议院议长、海军总司令以及牛津大学和剑桥大学的萨维尔（Savilian）、卢卡斯（Lucasian）和普卢姆（Plumian）数学讲座教授。（牛顿来自剑桥大学，他在那里当了 30 年的卢卡斯讲座教授；1714 年，他又出任了皇家学会会长。）

根据经度法案，经度局有权发放激励奖金，帮助贫困的发明家将有望成功的思想付诸实现。因为经度局有权决定经费下拨，所以它也许可以算是世界上第一家官方的研究开发资助机构了。（经度局一直存在了 100 多年，对此大家都始料未及。截止到 1828 年它最终解散时，由它支付出去的经费超过了 10 万英镑。）

为了方便经度局委员们对一种方法的实际精度作出评判，它必须在皇家舰队的一艘船上进行测试，而且测试时这艘船要"处在海上，正在由大不列颠驶往经度局委员们任意选定的一个西印度群岛港口的途中……并检查经度误差是否真的没有超出前述范围"。

甚至在经度法案颁布之前，所谓的经度问题解决方案已比比皆是。而在 1714 年之后，随着其潜在价值的大幅提升，这类解决方案更是泛滥成灾了。经度局在很长一段时间内都被人们团团围住（实际情况真的如此，并非夸张之辞）——其中有图谋不轨的人，也有愿望良好的人，他们都是听到悬赏之事后冲着奖金来的。在这些满怀热望的竞争者中，有些人被强烈的贪欲冲昏了头脑，甚至连参赛条件都没有来得及看清。于是，经度局收到了诸如改良船舵、净化海上饮用水和完善专用于暴风雨天气的特种风帆之类的提议。在经度局的百年历程中，它收到了太多太多的永动机设计图，以及旨在化圆为方[1]或尽量提高圆周率数值计算精度的种种提议。

　　受经度法案的影响，"测定经度"一词也成了"知其不可而为之"的代名词。经度经常性地成了人们谈论的话题，甚至成了取笑的对象，连那个年代的文学作品中也出现了它的身影。比如，在《格列佛游记》中，当人们让好船长勒缪尔·格利佛将自己想象成一个长生不老的"斯特鲁德布鲁格"[2]时，他预计自己可以经历的赏心乐事包括目睹各种彗星的回归，见证汹涌的大河萎缩成清浅的小溪，并且"发现经度仪、永动机、万灵药以及其他种种伟大发明，都已被改造得尽善尽美了"。

　　在解决经度问题的竞赛活动中，总是掺杂着贬抑其他参赛者的场面。一位署名为"R.B."的小册子作者，在谈到力主使用鸣炮法的惠斯顿先生时说："如果他还有那么一丁点儿脑子的话，那也一定是迷糊掉了。"

　　对同是满怀热望的参赛者，一个最机敏、最简洁的抨击，无

---

1 化圆为方问题是 2400 多年前古希腊人提出的三大几何作图难题之一（另两个是三等分任意角问题和倍立方问题），其任务是用直尺和圆规求作一个正方形，使其面积等于一已知圆的面积。该问题曾吸引许多人研究，但无一成功。19 世纪有人证明了直规法可作出的线段长度只能是代数数。而化圆为方问题相当于求作长为 π 的线段，但 π 并非代数数——1882 年法国数学家林德曼（F. Lindeman，1852—1939）证明了 π 是超越数，因此同时也证明了化圆为方问题是不可能用尺规作图法解决的问题。
2 斯特鲁德布鲁格（Struldbrug），《格列佛游记》中一虚构国度 Luggnagg 的居民。虚拟的永不死亡的人物，然年届 80 时，法律宣布其已死亡，从此专靠政府救济而悲惨地生活下去。

疑出自英国贝弗利（Beverly）的杰里米·撒克（Jeremy Thacker）笔下。在听说了利用炮声、经火烤的罗盘指针、月球的运动、太阳的仰角和其他一些令人大开眼界的方式进行经度测定的种种不完善提议后，撒克自己设计了一款密封在真空容器中的新型钟表，并声称他的方法才是最好的："总之，我很满意地看到我的读者们开始认同，跟我的精密时计（Chronometer）相比，测声计（Phonometers）、测火计（Pyrometers）、月球计（Selenometers）、太阳计（Heliometers）以及这个计那个计根本就不值一提。"

撒克诙谐的新名词"精密时计"显然是由他首创的。他在1714年最初这样说时也许只是开玩笑，但后来这个词却得到了普遍采纳，作为航海钟的一个绝妙好名。时至今日，我们还在将这种设备称作"精密时计"。不过，撒克发明的"精密时计"本身并没有它的名字那么出色。毋庸讳言，这种时钟确实体现了两项值得夸耀的新进展。首先，它的玻璃外壳所形成的真空容器可以防护计时器，使之免受令人烦恼的大气压力和湿度变化的影响。其次，它采用了两根经过巧妙配对的发条杆，因此钟表在上发条时仍然可以工作。在撒克引入这种"储能器件"（maintaining power）之前，用发条驱动的钟表在上发条时都要停下来，这样走时就不准了。撒克还将整个仪器像罗盘一样挂到常平架上。他采取这种预防措施，是为了避免在遇到暴风雨的时候，时计在颠簸的甲板上跌来撞去。

然而，撒克发明的时钟不能根据温度变化进行自动调节。尽管真空室有一定的隔热能力，但隔热效果还不够好。对此，撒克自己也很清楚。

　　当时，室温变化对所有计时器的运行速率影响都很大。金属的摆杆受热会膨胀，遇冷又会收缩，因此在不同的温度下，秒钟会以不同的节拍走时。与此类似，平衡弹簧受热会变软变弱，遇冷又会变刚变强。撒克在测试他的"精密时计"时，对这个问题作了周详的考虑。事实上，他在提交给经度局的报告中包含了关于这个"精密时计"在各种温度下运行速率的详细记录，并附上一个游标（sliding scale），以给出不同温度条件下预期的误差范围。航海者在使用这种"精密时计"时，只需对照温度计上的水银柱高度，进行必要的计算，就可以对钟盘上显示的时间进行加权校正。该计划的不足之处也就是在这里：人们不得不一直盯着"精密时计"，同时注意环境温度的变化，并将这些信息折算成经度读数。最后，撒克也承认，即使在理想状况下，他的"精密时计"每天的误差有时也会高达 6 秒。

　　以前那些钟表每天的快慢往往高达 15 分钟。与之相比，区区6 秒听起来似乎算不得什么，何必吹毛求疵呢？

　　因为不同的精度会带来截然不同的结果，这中间牵涉到了钱的因素。

　　要证明一台钟有资格获得 20 000 英镑的奖金，它确定出来的经度误差必须在半度之内。这也就意味着，每 24 小时它的快慢不能超过 3 秒钟。通过算术计算可以证明这一点：从英格兰到加勒比海的航程要花 6 个星期，而可容许的最大经度误差为半度，也就是 2 分钟时间。如果每天出现 3 秒钟的误差，在海上连续航行

40天，到航行结束时，合在一起的总误差就达到了2分钟。

在经度局委员们第一年评阅的众多方案中，撒克的小册子写得最好。但是，人们并没有因此就对这种方法寄予更高的希望。有待完善的工作太多了，而已真正实现的却很少。

牛顿等不及了。他觉得他现在已经很清楚，星星才是解决经度问题的希望所在。随着天文学的进步，在过去几个世纪中被一再提起的"月距法"，开始赢得更多人的信赖和拥戴。得益于牛顿本人在用数学公式表达万有引力定律方面所作的努力，人们对月球运动有了更好的认识，也能在一定程度上预测月球的运动了。但是，世人仍然在焦急地等待弗拉姆斯蒂德完成他对星星的测绘。

弗拉姆斯蒂德不愿轻易放过任何一个错误，因此，虽然他在绘制星图上已花了40年工夫，却仍然不肯公布他的数据。他将这些数据都封存在格林尼治。牛顿和哈雷想方设法从皇家天文台弄到了弗拉姆斯蒂德的大部分记录，并于1712年自作主张以盗版形式出版了他的星表。弗拉姆斯蒂德对此展开了报复：他收集到已印行的400本书中的300本，并将它们统统烧毁。

弗拉姆斯蒂德给从前的观测助理亚伯拉罕·夏普（Abraham Sharp）写信说："大约两周前，我将它们付之一炬了。如果牛顿爵士通情达理的话，他一定会同意，我这样做是帮了他和哈雷博士一个天大的忙。"也就是说，草率地发表这些还没有经过充分验证的星星位置，只会让一位受人尊敬的天文学家名誉扫地。

尽管不成熟的星表引起了风波，但牛顿还是一如既往地相信：钟表机构般的宇宙将最终胜出，会以其有规律的运动为海上往来的船只导航。人造钟表无疑可以成为天文估算的有益补充，只是永远也没法取而代之。为经度局工作了 7 年之后，牛顿在 1721 年给海军大臣乔赛亚·伯切特（Josiah Burchett）写信，谈到了自己的一些感受：

"一块好手表也许可以保证在海上的估算值几天不出问题，让人们知道何时进行天文观察。在更好的钟表问世之前，要实现这个目标，一块好的宝石手表可能也够用了。但是，在海上一旦失去了经度信息，什么样的手表都无法将它找回来了。"

牛顿没能活到最终颁发经度奖金的那一天 —— 他在 1727 年去世了。40 年后，一位自学成才的钟表匠因为制作了一块超大的怀表，夺得了这项大奖。

第七章　木齿轮制造者的成长经历

哦！她完美得无与伦比——

她可以同任何近代的女圣徒来比拟；

地狱刁滑的权力不能施在她的身上，

她的守护神也中止了他的守备；

即使她的最细小的行动也很正确，

如同哈里森所制造的最精妙的时计一般。

——拜伦勋爵　《唐璜》[1]

　　人们对约翰·哈里森的早年生活知之甚少，因此，他的传记作者们不得不像用细纱织布的纺织工一样，根据不多的事实来拼凑出他生平的全貌。

　　不过，他生命中的那些精彩场面会让我们联想起其他一些传奇人物，而他们鼓舞人心的事迹也为编写哈里森的故事提供了很好的借鉴。比如，哈里森因为对知识如饥似渴而刻苦自学，与之相仿，亚伯拉罕·林肯年轻时也曾出于同样的目的在烛光下彻夜苦读。他出身低微（甚至可能要算出身贫寒），却凭着自己的创造力和勤奋而致了富，就像托马斯·爱迪生和本杰明·富兰克林一

---

1 本诗译文参考《唐璜》，朱维基译，上海译文出版社，1982 年。

样。如果不怕有类比过头之嫌，哈里森的遭遇跟耶稣基督也有些类似：原来都是木工，并在默默无闻中度过了前 30 年，然后才因自己的思想而为世人瞩目。

解决了"经度问题"的那个约翰·哈里森，于 1693 年 3 月 24 日出生于英国约克郡，在家里 5 个孩子中排行老大。按当时的传统习俗，他家给孩子取名时也很吝啬，就用那么几个常见的名字。因此，如果不借助纸和笔，都要分不清那么多个名叫亨利、约翰和伊丽莎白的人谁是谁了。具体来说，约翰·哈里森是这个或那个亨利·哈里森的儿子、孙子、兄弟和叔叔，而他的妈妈、姐姐、两任妻子、唯一的女儿以及 3 个媳妇中的两个又都叫伊丽莎白。

他的第一个家大概是在一个名叫诺斯特尔修道院（Nostell Priory）的庄园里。一个富有的地主拥有这个庄园，并雇用老哈里森当了庄园的木工兼看守。在约翰还很小的时候 —— 大约是 4 岁左右吧，最迟也不晚于 7 岁 —— 不知什么缘故，他们举家搬迁到了 60 英里外林肯郡一个名叫巴罗（Barrow）的村子里。因为该村位于亨伯河（Humber River）的南岸，所以又被称作亨伯河上的巴罗。

在巴罗时，年轻的约翰跟父亲学做木工。他不知从哪儿学了音乐，会拉一种老式的六弦提琴（viol），也曾在教堂敲钟并为它们调过音，最后还当上了巴罗教区教堂的唱诗班指挥。（在多年以后的 1775 年，哈里森发表了《关于这种机械……的描述》，以阐述他的计时器的工作原理，文中有一个附件详细解说了他关于音阶的基本理论。）

不知怎么回事，在约翰十几岁时，大家都知道他渴望读书。也许他曾大声说出来过，也许他对弄懂事情的来龙去脉太着迷，让人们能从他狂热的眼神里看出来。不管实际情况到底怎样，反正在 1712 年左右，来这个教区访问的一位牧师对约翰的求知欲给予了鼓励，并借给他一本珍贵的教科书——剑桥大学数学家尼古拉斯·桑德森（Nicholas Saunderson）的自然哲学系列讲座的手抄讲义。

在拿到这本书时，约翰·哈里森已经能读会写了。他使用这两项技能誊抄了桑德森的著作，在上面作了注解，还将自己这个抄录本命名为"桑德森先生的机械学"。为了更好地理解运动定律的性质，他认真地写下每一个单词，画出每一张示意图，并标上图注。在接下来的几年里，他专注得像个圣经学者，一遍遍地研读这个抄录本，并不断在书上添加自己的旁注，后来甚至还写下了一些颇具见识的心得。自始至终，他的笔迹看起来整洁、小巧而有序，这也许表明了他是一个思想有条理的人。

虽然约翰·哈里森坚决地摒弃了莎士比亚，也从不允许这位诗人的作品出现在自己家里，但是牛顿的《自然哲学的数学原理》和桑德森的讲义却让他终身受益，并得以更好地把握自然界的规律。

1713 年，哈里森在还不足 20 岁时造出了自己的第一台摆钟。至于他为何要从事这项工作，以及他在没有当过钟表匠学徒的情况下怎么会有如此出色的表现，到现在还是一个谜。不过，他制作的这台钟现在还保存于世。上面签有创作者姓名和日期的那台钟的运动机件和钟面，作为他手艺形成期的遗迹，现在已由位于伦敦同业公会会所（Guildhall）的钟表商名家公会[1]陈列在一个单间博物馆的展览柜里。

这台钟除了是由伟大的约翰·哈里森制作的这一点之外，还有一个非同寻常的特点：它几乎完全是用木头制成的。这是一台由木匠制造出来的钟表，它用橡木做齿轮，黄杨木做轴，并用少量的黄铜和钢铁提供连接和驱动。哈里森一向注重实际，头脑又灵活，不管拿到什么材料，都能让它们物尽其用。齿轮的木齿在正常的磨损下不会崩落，因为它在设计上有效地利用了坚硬的橡木中的纹理，保证了抗毁性。

历史学家想弄明白，哈里森在加工自己的钟表前，是否拆开过哪些钟表进行了一番研究。据传说（可能是杜撰的），哈里森在年幼时生了一场病，他就是靠谛听放在枕边的一块怀表的嘀嗒声，才硬撑过来的。但是，谁也猜不出这个小男孩能从哪里弄来这样一个东西。在哈里森年轻时，时钟和手表的价钱都挺高。而且，就算他家买得起一块怀表，他们也不一定知道上哪儿去买。18 世纪前叶，在林肯郡北部地区生活或工作过的知名钟表匠，除了自学成才的哈里森本人之外，也找不出第二个了。

哈里森在 1715 年和 1717 年又造出两台几乎一模一样的木钟。在它们造成之后的几个世纪里，这些计时装置的钟摆和高高的钟

---

1 钟表商名家公会（The Worshipful Company of Clockmakers），是成立于 1631 年的一家英国行会，至今仍然存在，其网站是 www.clockmakers.org。作者在本书出版后，还获得了该公会授予的哈里森奖章。

壳都丢失了，只有机芯部分保存了下来。唯一例外的是，这3台钟的最后一台还有一块木门残片也流传了下来，其大小跟一份法律文书差不多。事实上，门的背面真的贴有一份文件，而且看来正是这张纸为子孙后代保住了这块软木。如今，这张起过保护作用的纸，即哈里森的时差[1]表格，跟他的第一台钟陈列在伦敦同业公会会所的同一个展柜里。

这台时钟的使用者可以根据该表格，矫正太阳时间或"真实"时间（所谓的真太阳时，即日晷上显示的时间）与人为的但更有规律的"平均"时间（所谓的平太阳时，即用一台每24小时敲一次正午的时钟所测出的时间）之间的差别。随着季节的变化，太阳正午和平均正午之间的偏差会在一个游标上时大时小。如今，我们不再理会太阳时间，而是简单地以格林尼治平均时间为标准。但是，在哈里森生活的年代，日晷仍然在广泛应用。一台好的机械时钟还得和时钟机构般的宇宙对时间，这可以通过使用一种叫"时差"的数学技巧来完成。哈里森在年轻时就弄懂了这些计算，而且他还亲自进行了天文观测，并独自计算出了时差数据。

在对该转换表的实质进行概述时，哈里森手写了一个标题"北纬53°18′巴罗村日出日落表；及钟表准确时，长钟摆与太阳之间应该且必定存在的偏差表"[2]。这段文字听起来古怪有趣，部分原因在于它的表述方式太古老，部分原因则是它本身就含糊不

---

1 时差（Equation of Time），指真太阳时与平太阳时之差。
2 原文为 "A Table of the Sun rising and Setting in the Latitude of Barrow 53 degrees 18 minutes; also of difference that should & will be betwixt ye Longpendillom & ye Sun if ye Clock go true."

清。据那些最崇敬哈里森的人说，他一直不知道怎样以书面语言清楚地表达自己的思想。他写出来的东西含混不清，就像"嘴里含着石子"的证人所作的口供。不管在他头脑里产生的思想或在他的钟表里实现的思想是如何熠熠生辉，一经他用语言表述出来，马上就会黯然失色。他在自己发表的最后一部作品中，大致描述了和经度局打交道的整个过程。在讲述这段令人很不是滋味的历史时，他那没完没了的委婉啰唆风格真是得到了淋漓尽致的发挥——书中第一个句子就长达25页，甚至连一个标点符号都不带！

在个人交往方面，哈里森倒是直率得很。他不失时机地向伊丽莎白·巴雷尔求婚，并于1718年8月30日与她成亲。第二年夏天，他们的儿子约翰降生了。后来，伊丽莎白在孩子不满7岁的那个春天就因病去世了。

对于哈里森鳏居期间的私人生活，我们知之甚少。这不足为怪，因为他并没有留下什么日记或信件来记述他这段时间的活动和忧虑。不过，他所在教区的记录表明，伊丽莎白去世6个月后，他又娶了一个比他小10岁的妻子。哈里森和他的第二任妻子伊丽莎白·斯科特于1726年11月23日结婚，并在一起共同生活了50年。婚后没几年，他们就生了两个孩子。第一个孩子是生于1728年的威廉，他后来成了父亲的捍卫者和得力助手。至于第二个孩子——生于1732年的伊丽莎白，我们只知道她是在12月21日这天受的洗礼，除此之外一无所知。哈里森和第一任妻子生的孩子约翰在18岁时就去世了。

没有人知道哈里森最初是在什么时候又是通过什么途径，听说了经度奖金这码事。有人说：赫尔港（Port of Hull）离哈里森家不远，就在北面 5 英里处，那是英格兰的第三大港口，悬赏的消息肯定早就在那里传得沸沸扬扬了；而随便哪个海员或商人都可能将这个公告的内容带到亨伯河下游，并通过摆渡传到河对岸去。

可以想见，哈里森在成长的过程中，对经度问题一定很熟悉——那情形就像如今随便哪个机灵的学童都知道人类急需治疗癌症的良方，也知道我们在核废料处理方面并没有什么好办法。经度问题是哈里森生活的那个年代所面临的一大科技难题。甚至在国会悬赏之前——至少在他获悉有这笔奖金之前，哈里森似乎就已经开始思考如何确定海上的时间和经度了。总之，不管哈里森是否对经度问题偏爱有加，他一直以来忙于从事的工作已为他解决这个问题做好了思想准备。

1720 年左右，已成了当地一位小有名气的钟表匠的哈里森，被查尔斯·佩勒姆爵士（Sir Charles Pelham）请到他位于布罗克莱斯比庄园（Brocklesby Park）的府第，为新马厩建造一座塔钟。

于是，曾担任教堂敲钟人的哈里森，受布罗克莱斯比塔之召，再次爬到了他熟悉的高空。不过，这一次不是去扯动钟绳，而是设计制造一台可以在高高的塔楼上向所有人忠实地播报正确时间的新仪器。

哈里森在 1722 年左右完成了这座塔钟，它现在仍在布罗克莱斯比庄园里向人们报时。它已连续运转了 270 余年——仅在 1884 年工人们对它进行翻新整修时，才短暂地停用过一段时间。

　　从精美的外壳到无摩擦的齿轮传动机构，处处都表明这座塔钟的制作者是一位大师级的木匠。比如，这座钟不用上油就能工作。它从来都不需要润滑剂，因为那些需要润滑的部件一般都采用一种会自己渗出油脂的热带坚木——愈疮木（Lignum Vitae）雕刻而成。哈里森还小心地避免在钟内任何部件上使用钢或铁，以免在潮湿的环境下生锈。凡是需要金属的地方，他都装上了黄铜部件。

　　在用橡木制造齿轮传动机构时，哈里森还发明了一种新的齿轮。时钟运转轮系中的每一个齿轮就如同儿童画里的太阳——木纹线从齿轮中心向齿尖辐射，就像用铅笔直尺画上去的一样。为了进一步从结构上保证轮齿经久耐用，哈里森特意选用了快速生长的橡树木；这种树树干里的年轮一圈一圈间距较远，包含了更多的新木，因而加工出来的木材纹理宽且强度高。（在显微镜下观察，年轮部分跟空洞密布的蜂窝似的，而年轮之间的新木看上去则像是实心的。）在可以牺牲一点强度的其他部位，比如齿轮的中心部分，哈里森总是选用生长较慢的橡木，以减轻重量——年轮靠得越近的木头，看上去木纹越多，掂起来也就越轻。

　　哈里森对木材的精准认识在今天也许比较好理解，因为我们有了后见之明，而且还可以用 X 光来验证他所作出的抉择。回顾起来，还有一点也很明白，那就是当哈里森在布罗克莱斯比庄园的高塔上，采用不用上油的齿轮机构时，他已经朝着制造航海钟的方向迈出了重要的一步。在此之前，不用上油的时钟绝对是闻所未闻的，而它跟过去造出来的任何时钟相比，在海上进行精确计时的可能性却要大得多。因为在航行的过程中，随着气温的上升或下降，润滑油会变得稀薄或浓稠，从而导致时钟走得过快或过慢，甚至完全停摆。

在制作别的时钟时，哈里森跟弟弟詹姆斯进行了合作。詹姆斯比他小 11 岁，但跟他一样，也是极好的工匠。在 1725 年至 1727 年之间，兄弟俩一起制作了两台落地式大座钟。詹姆斯·哈里森用醒目的手写体在这两台钟上签上了自己的名字，就签在刷过漆的木质钟壳的外表面上。尽管钟表史学家们谁也不怀疑约翰才是这两座钟的设计师和制作过程的主导者，可是里里外外哪里都找不到约翰·哈里森的名字。有记录显示约翰在日后生活中不乏宽宏大度的行为，据此判断，他似乎是存心要帮年少的亲弟弟一把，让弟弟一个人将名字签在两人联手创造出的作品上。

两样新奇的小玩意儿，确保了这些落地大座钟能以几乎完美的方式精确计时。哈里森这两个精巧的发明后来被称作"烤架"和"蚱蜢"。如果你去伦敦同业公会会所，还可以看到由哈里森兄弟制作的一台钟紧靠后墙安放着。从它外壳上的小玻璃窗往里看，就会明白这个叫"烤架"的小玩意儿是如何得名的。透过窗子就可以看到的那一截钟摆，是由两种不同金属条相间合成的，很像用来烤肉的烤炉上的那些平行钢条。这种"烤架"钟摆[1]真的耐得

---

[1] "烤架"钟摆（gridiron pendulum），又称"铁栅摆"，其形状可参见亚·沃尔夫的《十八世纪科学、技术和哲学史》（下册，周昌忠、苗以顺、毛荣运译，北京，商务印书馆，1997 年）图 77 "哈里森的铁栅摆"。这种装置现在一般都已被"殷钢"杆代替，殷钢是一种热膨胀可忽略不计的镍钢合金。

住冷热，且不会有负面作用。

在哈里森生活的那个年代，多数钟摆受热会膨胀变长，因而在热天里会摆得慢些。若遇冷，它们又会收缩，因而又会摆得快些，于是时钟的走速就朝相反的方向变化。每种金属都会呈现出这种讨厌的趋势，只是程度不同而已，也就是说每种金属都有自己独特的热胀冷缩率。哈里森将两种不同的金属条——黄铜条和钢条——长短不同地组合在一起制成一个摆，就解决了这个问题。在温度变化时，这些组在一起的金属彼此抵消长度上的变化，因此钟摆就不会摆得太快或太慢了。

"蚱蜢"擒纵器[1]是对时钟"起搏器"的"心跳"进行计数的器件，它的名字源于其中那些交叉部件的运动方式。这些部件运动起来，看着就像蚱蜢跳动时后腿的踢动一样，不过是无声无息的，不存在深深困扰着已有擒纵器设计的摩擦问题。

哈里森兄弟利用星辰有规律的运动，对他们制作的"烤架 – 蚱蜢"时钟进行了精确度测试。他们用自家窗户的一条边框和邻居家烟囱柱的侧影，作为自制天文跟踪仪器上的十字准线，用于星星定位。夜复一夜，当给定的几颗恒星跑出他们的视野范围并消失在烟囱背后时，他们就记下时钟的钟点。因为地球的自转，恒星消失的时间每晚刚好比前一晚提早了 3 分 56 秒（太阳时）。如果哪一台时钟能够跟这个恒星时间表同步，那就证明它和上帝

1（钟、表等的）擒纵器（Escapement），又称司行轮。时计中控制齿轮系统运动的装置、钟锤、发条或其他动力源通过它将能量传到摆或摆轮，利用脉动的方法使后者处于有规律的摆动状态，从而使一个齿每隔一段时间从棘爪中脱出来。

创造的伟大天钟一样完美无缺了。

在所有这些深夜测试中，在整整一个月的时间里，哈里森兄弟制作的时钟累计误差都没有超过 1 秒钟。这让当时世界上生产出的具有最高质量的钟表都相形见绌了，因为它们每天会有 1 分钟左右的漂移。比哈里森钟表所达到的非凡精度更绝的只有一件事，那就是这一前所未有的高精度竟然是由两个乡巴佬独自创造出来的，而不是出自托马斯·托姆皮恩[1]或乔治·格雷厄姆[2]之类的大师之手，尽管这些人在伦敦市区的钟表制作中心拥有许多昂贵的器材和众多熟练的机械工。

哈里森晚年回忆道，到了 1727 年，获得经度奖金的愿景已促使他将精力转向克服海上计时中存在的特殊困难。他意识到，如果能将自己那些精巧的时钟加以改造，使之适于海上使用，那他就可以名利双收了。

他已找出了绕过润滑剂问题的途径，以无摩擦的机械在精度上达到了新的高度，并研制出了一种适合所有季节使用的钟摆。他准备着手对付带咸味的空气和多风暴的海洋了。具有讽刺意味的是，哈里森看出：要获得那 20 000 英镑的奖金，他将不得不舍弃他的"烤架"钟摆，另辟蹊径。

尽管"烤架"钟摆在陆地上大获成功，但钟摆毕竟是钟摆，在翻腾的海面上，什么样的钟摆都会失灵。为了取代带摆锤的分

---

1 托马斯·托姆皮恩（Thomas Tompion，1639—1713，于 1639 年受洗），英国 17 世纪最著名的钟表制造家，以革新制表技术著名。
2 乔治·格雷厄姆（George Graham，约 1674—1751），英国著名制表匠，发明了直进式擒纵机构。

段摆杆，哈里森开始在头脑中构想出一组带弹簧装置的跷跷板，它们自成体系，相互制衡，因而经受得住最猛烈的海上颠簸。

经过将近 4 年的不懈努力，他终于想出了这种令自己满意的新颖装置。然后，他就启程前往 200 英里外的伦敦，打算将自己的计划上呈给经度局。

第八章　"蚱蜢"出海

在这个痴迷于闲谈的凡世，

哪里找得到离经的纬线？[1]

　　　　——克里斯托弗·弗赖伊 《不该受火刑的女人》

1730 年夏天，约翰·哈里森来到伦敦，却怎么也找不到经度局。尽管这个威严的机构在 15 年前就成立了，却连个正式的办公地点都没有。事实上，它一直就没开过会。

提交给经度局的所有方案都显得太过平庸和乏善可陈了，只需由某个委员给满怀热望的发明人发一封拒绝函，就可以打发掉。还没有哪项提案看上去有足够大的吸引力，需要劳驾随便 5 名委员 —— 经度法案规定的最少法定人数 —— 聚到一起来，对这种方法的价值进行严肃的讨论。

不过，哈里森知道经度局中最著名的一名委员 —— 伟大的埃德蒙·哈雷 —— 的身份，于是就直奔格林尼治，到皇家天文台去找他。

---

1 原文 "A longitude with no platitude" 是双关语。英文中 "longitude"（经度、经线）一词通常总是和 "latitude"（纬度、纬线）同时出现，而在这句诗中却别出心裁地与仅有一字母之差的 platitude（陈词滥调）联用，造成了出人意料的效果。因此，这里将它处理为 "离经的纬线"。或许也可相应地翻译成："在这个纷扰的尘世间，到处飞短流长；让我上哪儿去找条脱俗的经线，不作老生常谈？"

在约翰·弗拉姆斯蒂德去世后，哈雷在 1720 年成了第二任皇家天文学家。弗拉姆斯蒂德生前的生活向来严肃简朴，像个清教徒。他要是知道哈雷成了自己的继任者，在九泉之下也会被气翻身的，因为他在世时就曾公开谴责哈雷贪杯好饮、满嘴脏话，"活像个远洋船长"。当然，弗拉姆斯蒂德对哈雷和他的同谋牛顿剽窃他的星表，并违背他的意愿将之公开出版这件事也一直耿耿于怀，到死也不肯原谅他们。

哈雷深受众人的爱戴，对下属和蔼可亲，并以颇为幽默的方式掌管着天文台。他也因观测月球和发现恒星的固有运动规律，为这座天文台增添了无限光彩。这都是不容抹杀的——哪怕他果真如人们所传言的那样，在某天夜里和沙皇彼得大帝像两个顽皮的学童一样蹦蹦跳跳，轮流用独轮车将对方推过篱笆去。

哈雷客气地接待了哈里森。他专心地听哈里森讲解了有关航海钟的思想。那些原理图给他留下了深刻的印象，他也亲口承认了这一点。不过，哈雷心里明白：经度局是不会欢迎这个机械方案的，因为他们认定经度问题是一个天文学问题。要知道，经度局里充斥着天文学家、数学家和航海家。哈雷本人就在夜以继日地将大部分精力花在解决月球运动规律上，以便能更好地利用"月距法"测定经度。不过，他还是采取了一种开明的态度。

哈雷没有将哈里森送入虎口，而是建议他去拜会大名鼎鼎的钟表制造家乔治·格雷厄姆。对于哈里森提议制造的航海钟，被后世誉为"正人君子"的乔治·格雷厄姆无疑是最有发言权的鉴定人。至少他能理解它设计中的精妙之处。

哈里森担心格雷厄姆窃取自己的设计思想，但还是听从了哈雷的建议。不然，他还能怎么办呢？

比哈里森年长 20 岁左右的格雷厄姆，在跟他接触了一整天后，成了哈里森的赞助人。哈里森以他那不可模仿的风格，描绘过他们第一次会面的情景："跟我料想的差不多，格雷厄姆先生开始时对我挺粗鲁的。我没法子，也只好不客气地回应他。但不管怎样，我们后来还是打破了僵局……事实上，他最后对我采取这样的思路或方法很是诧异。"

哈里森去见格雷厄姆时是上午 10 点。到了晚上 8 点，他们还在那里聊着本行的一些事情。身为首席科学仪器制造家兼皇家学会院士的格雷厄姆，还留乡村木匠哈里森吃了顿晚饭。最后到了挥手道别的时候，格雷厄姆以各种方式向即将回巴罗的哈里森表示了鼓励，甚至还慷慨地为他提供了一笔不必急着偿还的无息贷款。

在接下来的 5 年里，哈里森一直在潜心试制他的第一台航海钟。这台钟后来被称为哈里森一号，简称 H-1，因为它标志着哈里森这一系列努力中的第一个产品。他弟弟詹姆斯也帮了忙，但奇怪的是，他们谁也没有在这台时钟上签名。跟他俩以前合作造出的钟一样，这台时钟的运转轮系用的也是木质齿轮。但是，总的说来，它看上去既不像过去造的任何一台钟，也不同于后来造的哪台钟。

这台钟有着宽宽的底座和高高的突起，用锃亮的黄铜制成，两边的连杆和平衡杠以古怪的角度向外伸出,不禁使人联想起一艘从来就不曾存在过的古船。它看起来像是长划船和大帆船二者的混合体;高高翘起的船尾带着华丽的装饰,正面朝前;两根高耸的桅杆,上无片帆;带圆头的黄铜船桨,由两排看不见的船工操纵着。这是一艘从装它的瓶子中逃出并漂荡在时间海洋之上的模型船[1]!

H-1 的正面有几个标着数字的钟面,清楚地表明这是一台用于计时的机器:一个钟面标出小时,另一个计分钟,第三个嘀嘀嗒嗒地指示秒钟,最后一个则给出每月的日期。不过,整个装置看起来相当复杂,也暗示着它肯定不只是一台精确的计时器。庞大的发条和陌生的机械,总是让人忍不住想要强占这个东西,并驾着它进入另一个时代。虽然好莱坞在道具设计方面煞费苦心,可是真还没看到哪部有关时间旅行的科幻电影,曾表现出如此令人折服的时间机器。

哈里森兄弟将重达 75 磅[2]的 H-1 装在一个长宽高三边均为 4 英尺的玻璃钟壳里。这个钟壳也许曾遮挡了看得见时钟不断旋转的那几个侧面。从外头可能只能看到它的正面。这一面的 4 个钟面,由串着 8 个小天使雕像和 4 顶皇冠的蛇形索子(或无叶藤蔓)团团围绕。但是,跟哈里森早期制作的钟表一样,这个钟的钟壳也早已消失无踪,将钟表的内部机构暴露在外,任凭人们审

---

1 据作者告知,这里指的是一种用镊子和其他小工具在玻璃瓶内装配起来的模型船。装好后,人们会感觉奇怪:那么大的船,连桅带帆,是怎么通过细细的瓶颈的?
2 磅(Pound),英制重量单位,1 磅相当于 453.592 克。

视。如今，H–1披着钢化玻璃的外罩，依然坚持生活和工作在位于格林尼治的英国国家海事博物馆（每天要上一次发条）。令游客们欣喜不已的是，在那里，它尽显无摩擦的迷人风采，仍在顽强地运转。它那精雕细琢的表面和骨架般的内部机构看上去极不和谐——那情形就像一位穿着考究的女子站在透视屏后显露出跳动的心脏。

早在H–1漫长生涯的初期，它就已成为充满矛盾对立的研究对象了。它属于那个时代却又超前了那个时代，当它终于横空出世时，这个世界却已因等得太久而厌倦了。尽管H–1达到了既定目标，但它工作的方式太奇特了，人们对它的成功都感到迷惑不解。

哈里森兄弟将H–1抬到亨伯河的一条驳船上进行试验。然后在1735年，约翰又将它运到伦敦，并履行了自己向乔治·格雷厄姆许下的诺言。

格雷厄姆看到这台神奇的航海钟非常高兴，连忙将它展示给皇家学会（而不是经度局），而皇家学会也给了它英雄般的欢迎。在哈雷博士和另外3位同样印象深刻的皇家学会院士的一致同意下，格雷厄姆为H–1和它的制作者写了如下鉴定书：

> 约翰·哈里森曾付出大量的心血和金钱，设计并制造出了这台用于测量海上时间的机器。它所依据的原理，在我们看来，有望达到非常高的精确度，足以满足经度测量的要求。我们认为，它完全应该得到公众的褒奖，以便对用于消除时

间不规则性 —— 不同的冷热程度、空气的干湿程度以及船只上的种种扰动因素会自然引起这种不规则性 —— 的几项精巧发明，进行一次彻底的试验和改进。

尽管有这些喝彩声，英国海军部还是拖延了一年才安排正式的试验。而且，海军部的将领们也没有按经度法案的规定将 H–1 送往西印度群岛，而是命令哈里森带着他的时钟前往斯皮特黑德[1]，登上驶向里斯本的英国皇家海军"百夫长"号。1736 年 5 月 14 日，海军大臣查尔斯·韦杰爵士（Sir Charles Wager）给"百夫长"号指挥官普罗克特船长（Captain Proctor）写了下面这封引荐信：

> 先生，放在您船上的这台仪器，在伦敦城里得到了所有见过它（以及少数几个没见过它）的数学家们的认可，他们都认为这是迄今为止世上最好的时间测量装置。至于它在海上使用时会有多成功，请您作出评判。我已给约翰·诺里斯爵士写信，想请他安排这台仪器和它的制作者（我想他现在应该和您在一起了）搭上第一班开过来的船回国……对此人很熟悉的人都说他极具独创性，也很冷静，还说如果给他一些鼓励，他就能取得更大的成就。因此，我希望您能客气地

---

1 斯皮特黑德（Spithead），英国英吉利海峡中一小海峡，位于大不列颠岛和怀特岛东北岸之间，为开阔避风的深水海峡。除设皇家海军基地外，也是大型船只进出南安普敦水道最安全的航道。

发挥他应有的作用，也希望您尽可能友善地对待他。

普罗克特船长立即回信说：

> 为了尽可能便利此人进行观测，我已将这台仪器安置在我的舱室里。我觉得他是一个很冷静、很勤快也很谦逊的人，所以不由我不对他心生好感。不过，因为存在着许多不平衡震动和各种运动等不利于时间测量的困难，所以我着实为这位老实人担心，我恐怕他是在向不可能的事情挑战。不过，请爵士放心，我一定会在我权力所及的范围内，好好为他提供各种方便和帮助，并让他知道：您对他的成功很关注，还曾特别关照过我们要善待他……

普罗克特船长根本不必担心哈里森的机器的性能。倒是这个人的胃让他很伤脑筋。颠簸的越洋航行让这个钟表匠除在船长舱照看航海钟之外，多数时间都是手吊舷栏，向海里呕吐。哈里森可以使用两条哑铃状的平衡杠和4根螺旋状的平衡弹簧，帮助H-1在整个航行过程中保持平衡；遗憾得很，他没法给自己也安上同样的装置，以保持体内舒泰。多亏老天开眼，不到一周，"百夫长"号就让强劲的海风迅速地吹到了里斯本。

一抵达港口，好心的普罗克特船长就猝死了，都没来得及在航海日志上留下任何关于这次航行的记录。仅仅过了4天，英国皇家海军"奥福德"号（Orford）的船长罗杰·威尔斯（Roger Wills）就得到指令，将哈里森送回英格兰。根据威尔斯的记录，一路上的天气可谓"狂风暴雨与风平浪静交替甚频",这使得回航时间拖到了一个月之久。

当船终于靠近陆地时,威尔斯认为抵达了达特茅斯港附近一个位于南部海岸线上的著名地点——斯塔特(Start)。那是他推算出的船位。但是,哈里森根据自己的航海钟的推算结果反驳说:看到的陆地一定是彭赞斯(Penzance)半岛上的利泽德(Lizard)——一个在斯塔特以西 60 英里的地方。结果真的是利泽德。

这一正确推测给威尔斯船长留下了极深的印象。后来,他出具了一份发过誓的书面陈述,坦承了自己的错误,并对这台计时仪器的精确性大加称赞。威尔斯将这份签署日期为 1737 年 6 月 24 日的证书送给了哈里森,作为对他的一个官方褒奖。这也标志着哈里森春风得意的一周的开始,因为经度局的委员们认为他的神奇机器值得讨论,就在 6 月 30 日这一天召开了经度局成立 23 年以来的首次集会。

哈里森将他本人和他的 H-1 介绍给坐在评判席上的 8 位经度局委员,请他们对他的工作作出评价。这些委员中有几张友善的面孔是他熟悉的。除了已经成为他的支持者的哈雷博士之外,哈里森还看到了海军部的查尔斯爵士——就是在 H-1 初航前夕写信关照并要求公正对待他的那个人。还有里斯本舰队司令——海军上将诺里斯,他曾向哈里森下达过准航命令。参会的两名学术界人士分别是剑桥大学的普卢姆天文学讲座教授罗伯特·史密斯(Robert Smith)博士和牛津大学的萨维尔天文学讲座教授詹姆斯·布拉德利 [1] 博士。他们也支持哈里森，因为这两位教授都在格雷厄姆代表皇家学会起草的举荐信上签过自己的名字。史密斯博士甚至还跟哈里森一样是音乐爱好者，并且对音阶也有自己的一套独特理论。皇家学会会长汉斯·斯隆爵士（Sir Hans Sloane）的出席更充实了科学界与会代表的实力。另外两人哈里森不认识，他们是下议院议长阿瑟·翁斯洛阁下（Right Honorable Arthur Onslow）以及国土与耕地委员会委员蒙森勋爵（Lord Monson）。这两个人代表了经度局中的政界势力。

哈里森可以赢得一切了。他带着自己的优胜作品，面对的是一群业已倾向于对他为国王和祖国所做贡献感到骄傲的专家和政治家。他完全有权利要求进行一次前往西印度群岛的航行试验，以证明 H–1 有资格获得经度法案所许诺的 20 000 英镑的奖金。但是，他过于精益求精，也就没有提出这种要求。

不仅如此，哈里森反而指出了 H–1 存在的一些不足之处。在场的人中也只有他自己批评了这台航海钟。尽管它在往返里斯本的 24 小时试验中偏差不过几秒，他还是指出这台钟表现出了一些他想纠正的"缺陷"。他坦率地承认，他需要再对这个机械做些修改和调整。他认为，还可以将这台钟改小一些。如果经度局能够为他进一步的研发预先提供一些经费支持，再干两年，他就可以造出一台新时钟。那将是一台更好的时钟。届时他会再回到经度

---

1 詹姆斯·布拉德利（James Bradley, 1693—1762），英国天文学家，因发现光行差效应而闻名。1742 年继哈雷之后，成为第三任皇家天文学家。他是后牛顿学派的第一流的实测天文学家。

局，向他们申请一次前往西印度群岛的正式航行试验。而这次就免了吧。

经度局批准了这一不容他们拒绝的请求。至于哈里森要求用作种子基金的 500 英镑，经度局承诺尽快拨给他一半。在向皇家海军一艘舰艇的船长提交了准备进行海上测试的最终产品后，哈里森就可以领取另外的一半。从留下的会议纪要来看，当时达成的协议是，到时候哈里森可以亲自带上新时钟前往西印度群岛，也可以指定"某个合适的人"代劳。（可能经度局的委员们听说过哈里森晕船的事，特意为他留下了回旋的余地。）

协议中还包含了最后一个条款：一旦完成了第二台时钟的海上试验，哈里森就要将这台钟连同第一台航海钟一道上交，"以供公众使用"。

如果换个更有商业头脑的人，也许会对这一点提出异议。事实上，哈里森完全可以据理力争：经度局有权拿走第二台机器，因为它得到了他们的经费支持，但是他们不能要求他上交自筹经费制作的第一台机器。然而，他不仅没有为所有权争辩不休，反而将经度局对归属权的兴趣解读成对他的工作表示肯定和鼓励。他自以为现在是受雇于他们了，就像一位受命为皇室创作一件伟大作品的艺术家，自然会因此得到皇家的嘉奖。

当第二台时钟完成后，哈里森将这一猜想醒目地甚至带点炫耀性地写在了它的正面。在 H-2 朴实无华的钟面上方有一块银色的铭牌，上面镂刻着"谨遵 1737 年 6 月 30 日召开的委员会议之命，为乔治二世陛下制造"，铭文四周还围绕着涡卷形的装饰图案。

如果说哈里森曾对 H-2 抱过什么大的幻想，他自己也很快就让它们一一破灭了。在 1741 年 1 月将这个新时钟展示给经度局时，他已经嫌弃它了。他在经度局委员们面前的表现差不多是上一次的翻版。他说：他真正需要的只是希望经度局开恩让他回家去再尝试一次。结果，H-2 最终也没能出海参加测试。

第二台时钟是一个由黄铜制成的重家伙，重达 86 磅（尽管它确实如哈里森承诺的那样，是装在一个较小的盒子里），但是它处处都像第一台那样非同寻常。它体现出了几项新的改进——其中的一项是一套保证统一驱动的机械装置，另一项是一个更灵敏的温度补偿器件，它们在提高精度方面都算得上是小小的革命。而且整台仪器还成功地通过了许多严格的测试。皇家学会 1741—1742 年的报告说，这些测试包括了让 H-2 受热、受冷以及"接连几个小时受到剧烈摇晃——比处在风暴中的船只晃得还要厉害"。

H-2 不仅成功地经受住了这些考验，而且赢得了皇家学会的全力支持："这些试验（在没有出海航行的情况下，尽最大限度进行测定）的结果是这样的——该钟表运转得十分有规律和精确，可以将船的经度确定到国会提出的最小误差范围内，甚至可能还要比这个误差小得多。"

但是，在哈里森看来这还不够好。正是那种精益求精、臻于至善的坚定信念——走自己的路，让别人说去——使得他对喝彩声充耳不闻。如果 H-2 的机械装置过不了他自己这一关，皇家学会说它怎么怎么好又有什么用呢？

此时，48 岁的哈里森已经来伦敦定居了。在将近 20 年的时间里，他杜门谢客，将自己关进工作间，潜心研制那被他称作"精致的第三台机器"的 H-3。他只在向经度局申请和领取偶尔发放的 500 英镑津贴时才露一露面。经过艰苦卓绝的奋斗，他终于将前两个时钟里面的杆状平衡器改进成了圆形平衡齿轮，为第三台时钟增色不少。

与此同时，H-1 却成了万众瞩目的焦点。格雷厄姆将它从哈里森那儿租了出来，陈列在自己的店里。于是，各地的参观者都特地赶过来一睹这台时钟的风采。

巴黎来的皮埃尔·勒罗伊（Pierre Le Roy），作为他父亲朱利安·勒罗伊（Julien Le Roy）"法国国王御用钟表制作师"这一头衔的当然继承人，也对 H-1 给予了高度评价。在 1738 年访问伦敦时，他称这台时钟是"一项极灵巧的发明"。勒罗伊家的主要竞争对手，出生于瑞士的钟表学家费迪南德·伯绍德[1]，在 1763 年首次看到 H-1 时也深有同感。

一向以对时间和计时着迷而出名的英国艺术家威廉·贺加斯[2]，出道时实际上是一位钟表外壳雕刻家，后来也对 H-1 产生了

---

1 费迪南德·伯绍德（Ferdinand Berthoud，1727—1807），瑞士杰出的钟表制造家，在计时方面有大量著作。在试制航海钟遭到两次失败之后，终于在 1769 年取得好成果，获得了西班牙海军航海时计的独家供应权。他对时计的种种改进，大部分为现代设计所采用。
2 威廉·贺加斯（William Hogarth，1697—1764），英国油画家、版画家和艺术理论家。在肖像画、风俗画和历史画方面有巨大贡献。他在 1731—1732 年以其创作的一套铜版画《妓女生涯》（共 6 幅）一举成名；接着又创作了另一套铜版画《浪子生涯》（共 8 幅）。1735 年后他专心从事油画创作，在 1753 年出版了理论著作《美的分析》，结合绘画实践阐述其理论观点。

特殊兴趣。他在 1735 年的畅销作品《浪子生涯》[1] 中描绘了一位"经度狂人",此人在精神病疗养院的墙上到处涂鸦,画的却是解决经度问题的一种笨法子。现在,H–1 使得测定经度这一课题的地位,从玩笑的对象一跃而成为代表科学与艺术相结合的最高水平的典范。在发表于 1753 年的《美的分析》一书中,贺加斯将 H–1 描述为"有史以来人类制造的最精巧的运动装置之一"。

1《浪子生涯》(*The Rake's Progress*),又译作《浪子的历程》。

第九章　天钟的指针

游月上高天，

何处可流连？

莲步轻攀处，

零星伴身边。

——塞缪尔·泰勒·柯勒律治 《老水手之歌》[1]

运动着的月亮，无论是圆月、凸月还是新月，终于可以像一根带夜光的天钟指针，散发着清辉，为 18 世纪的导航者们指示时间了。这座天钟以广袤的天空为钟面，而太阳、行星和恒星则是印在它上面的数字。

海员们没法匆匆一眼就读出天钟上的时间，得借助复杂的观测仪器才行，同时也要进行目测（为了保证精度，此过程可能要连着重复 7 次之多），而且还要用上对数表（该表已早早地由人们手工计算汇编好，以方便水手们在远洋航行时使用）。根据天钟钟面上的指示来计算时间，大约需要 4 个小时 —— 而且还要求天气

---

1 本诗翻译部分地参考了海南版译本。

好。要是碰上多云天气，天钟就会被遮蔽掉。

天钟成了约翰·哈里森夺取经度奖金路上的主要竞争对手，而基于月球运动测量的"月距法"，则是有望替代哈里森计时器的唯一合理方法。刚好就在哈里森制作航海钟的那个年代，得力于各路人马的共同努力，科学家们终于积蓄了足够的理论、仪器和信息，可以使用天钟了。

在测定经度的领域，几个世纪的努力都没有找到一种管用的方法，现在却突然冒出了两种对立的方法，它们看上去同样优越，而且在齐头并进。从18世纪30年代到60年代的这几十年中，人们努力完善这两种方法，并开辟出了平行发展的道路。陷入更加孤立无援境地的哈里森，在时钟机构的迷阵中静静地追寻着自己的出路；而他的对手们（天文学和数学教授们）则向商人、海员和国会许愿：利用月亮就能测定经度。

1731年，也就是在哈里森以文字和图形方式写出 H–1 的制作方法之后的第二年，两位发明家——一个英国人和一个美国人——独立地发明了"月距法"赖以工作的仪器，这是人们长久以来苦苦追寻的仪器。科学史年鉴将这一成果同时归功于约翰·哈德利[1]和托马斯·戈弗雷[2]。约翰·哈德利是一位英国乡绅，他最先将这种仪器展示给了英国皇家学会；而托马斯·戈弗雷则

---

1 约翰·哈德利（John Hadley, 1682—1744），英国数学家和发明家，改进并制作了可以用于天文学方面的有足够精度和放大率的第一批反射望远镜。1730 年，他发明了一个双反射八分仪，用以测量太阳或一颗恒星在地平线上的经纬度。他的双反射原理使精确定位变得容易多了。

2 托马斯·戈弗雷（Thomas Godfrey, 1704—1749），美洲殖民地的发明家和数学家。早年为装玻璃工人。在 1730 年制成改进的象限仪。

是美国费城的一位穷困的玻璃工，他几乎在同时获得同一个灵感。（后来，人们还发现牛顿爵士也曾拟订计划，要制作一台几乎同样的设备，但是该计划的文字描述一度迷失在他遗留给埃德蒙·哈雷的那批堆积如山的手稿中，直到他死后很久才被发掘出来。哈雷本人以及在他之前的罗伯特·胡克也草拟过可达到相同目标的类似设计。）

多数英国水手将这种仪器称作哈德利象限仪（而不是戈弗雷象限仪），这也是情有可原的。有些人将它叫作八分仪，因为它弯曲的刻度盘形成了1/8个圆周。还有一些人则更愿意叫它反射象限仪，以突出这台仪器的反射镜可使它的测量能力倍增。不论用的是哪个名称，反正不久之后，这种仪器就开始帮助水手们找出他们所在地的纬度和经度了。

在过去的几个世纪里，人们一直使用老式仪器，先是等高仪（astrolabe），接着是直角仪，然后是反向高度观测仪，都要通过测量太阳或某颗恒星高出地平线的高度，来确定纬度和当地时间。而现在，得益于成对反射镜的作用，这台新式反射象限仪却可以直接测量两个天体的高度以及它们之间的距离。即使船只遇到颠簸，领航员看到的天体之间的相对位置也保持不变。除此之外，哈德利象限仪还有一个优点，即内置了一个人为的地平线。结果证明，在黑暗或浓雾中，看不到实际的地平线时，这项功能还能救人性命。象限仪很快就演化为一种更精密的仪器——六分仪，它将望远镜和更大量程的测量弧结合在一起。这些增强功能可用于精准地确定两种一直在变动却可以透露玄机的距离，即白天太阳和月亮之间的距离以及夜晚恒星和月亮之间的距离。[1]

有了详细的恒星星表和一台可靠的仪器后，一位好的领航员就可以站在甲板上测量月距了。（实际上，许多谨慎的领航员都采用坐姿，以便能更好地保持自身稳定，而那些不折不扣的一丝不苟者则采取平躺姿势。）接下来，他就查一个表格——那上面列出了伦敦或巴黎在一天中不同时辰观测到的月亮和多种天体之间的角距离。（顾名思义，角距离指的是从观察者眼睛到两个观测目标的射线之间的夹角大小，其度量单位是弧度。）举个具体的例子，他接下来要比对他看到月亮与位于狮子座中心的轩辕十四（Regulus）相距 30° 的时间，和在始发港预测到同一特定位置的时间。不妨假设，领航员观察到的这一事件发生在当地时间凌晨 1 点，而表格显示在伦敦上空要到凌晨 4 点才会观测到同一事件，于是船上的时间要早 3 个小时——因此，船本身位于伦敦以西经度相差 45° 的地方。

在一份英国旧报纸上，刊登过这样一幅调侃"月距法"的漫画。厚脸皮的太阳问月亮说："我说，老伙计，来支烟不？"怯弱的月亮答道："不要，老不正经的，离我远点！"[2]

天文学家们确定了恒星在天钟钟面上的位置，而哈德利的象限仪就利用了他们的这项成果。光是约翰·弗拉姆斯蒂德自己，

就为绘制天空星图这项不朽的事业投入了近40年的时间。作为第一任皇家天文学家，弗拉姆斯蒂德完成了30 000次单独的观测，并对所有这些观测都做了忠实的记录；他还使用自制的或自费购置的望远镜，对观测结果挨个进行了验证。在弗拉姆斯蒂德最终定稿的星表上，记录的恒星数比第谷在丹麦乌拉尼亚宫编纂的天空图集中收入的条目多出两倍，而且精确度也提高了好几个数量级。

由于弗拉姆斯蒂德本人的观测仅限于格林尼治的上空，因此他很高兴地看到，好出风头的埃德蒙·哈雷在1676年皇家天文台成立后不久，就启程前往南大西洋进行观测。哈雷在圣赫勒拿岛建立了一座小型的天文台。他的地点选对了，可惜大气条件却不佳。在云遮雾绕中，哈雷仅仅观察到了341颗新恒星。尽管如此，这一成就还是为他赢得了"南方第谷"的美誉。

从1720年至1742年，在哈雷本人担任皇家天文学家期间，他专注于对月球运行进行追踪。毕竟，相比于绘制月亮在繁星闪耀的天幕中的运动轨迹这项更富于挑战性的工作，绘制天空星图只能算是一道开胃菜。

因为月球在一个不规则的椭圆轨道上绕地球运行，因此月球和地球之间的距离以及它与背景恒星之间的关系都在不断地变动。而月球沿轨道的运行又以18年为周期发生周期性变化，因此要进行任何有意义的月亮位置预测，最低限度也得有18年的观测数据作为基础。

哈雷夜以继日地观察月亮，以揭示其复杂运动的奥秘。为了获得月球运动的历史线索，他还刻苦钻研了古时候的月食记录。所有关于月球轨道运动的数据，都可能为构造领航员需要的表格提供素材。哈雷根据这些原始资料推断出：月亮绕地球运动的速率随着时间的推移在加快。（如今，科学家断言，月亮的运动并没有加速，而是由于潮汐的制动作用，致使地球的自转速度变慢了，不过哈雷注意到的相对变化还是正确的。）

早在成为皇家天文学家之前，哈雷就已预测到了那颗使他名垂千古的彗星的回归。在1718年，他又指出天空中最亮的星星中有3颗，自从古希腊人和古代中国人在两千年前描绘出它们的位置以来，已经改变了方位。哈雷还发现，就在第谷绘制星图以来的100多年里，这3颗星星也已发生了轻微的移位。不过，哈雷向海员们保证道：恒星的这种"自行"现象（虽然该现象代表了他本人最伟大的发现之一），要经过漫长的岁月才能勉强觉察出来，因此并不会妨碍天钟的使用。

83岁时，哈雷依然精神矍铄、体力充沛。不过，他还是想将皇家天文学家的位子让给他的当然继承人詹姆斯·布拉德利，可惜没有获得国王乔治二世的恩准。布拉德利只好又多等了将近两年，直到哈雷去世。他是在1742年1月，元旦过去两个星期后，才就任皇家天文学家的。新皇家天文学家的上任，标志着一向备受哈雷推崇的约翰·哈里森的运势将急转直下。尽管布拉德利在1735年曾签名支持过航海钟，但他对天文学之外的任何事物都没什么好感。

布拉德利在职业生涯早期就以试图测量星际距离而出名。尽管他没能求出星际距离的实际大小，但是他通过一台 24 英尺长的望远镜，首次为地球的确在太空中运动提供了确凿的证据。就在这一次不成功的星际距离测量试验中，他还得出了光速的一个新的真实值，改进了奥勒·雷默早先的估计值。他确定出了木星那大得惊人的直径长度。他检测出了地轴倾角的微小偏差，并正确地将之归因于月球的引力。

跟他的前任弗拉姆斯蒂德和哈雷一样，皇家天文学家布拉德利在格林尼治安顿下来后，马上就将完善导航技术当成了自己的主要职责。与弗拉姆斯蒂德相比，他在某些方面可谓有过之而无不及，比如他对星表更为精益求精，比如他婉言谢绝了给他加薪的提议。

与此同时，巴黎天文台加倍付出努力，在格林尼治已有成就的基础上更上了一个新的台阶。法国天文学家尼可拉·路易斯·德·拉卡伊（Nicolas Louis de Lacaille）重拾哈雷多年前搁下的工作，于 1750 年启程前往好望角。在那里，他将非洲上空将近 2000 颗南方恒星编入了星表。拉卡伊在北半球的天空中也留下了他的印记，他定义了好几个新的星座，并将它们命名为他自己所处时代的"万神殿巨兽"[1]——望远镜星座、显微镜星座、六分仪星座和时钟星座。

天文学家们以如下方式建立起支撑"月距法"的三大支柱之一：确定恒星的位置，并研究月亮的运动。发明家们又为水手们

---

1 即平常所说的白羊、金牛、巨蟹、狮子、天蝎等十二星座。

提供了测量月亮与太阳或其他恒星之间的关键距离的手段，从而建立起了另一根支柱。要精确地运用这种方法，现在就只缺一些可以将仪器读数转换成经度位置的详细月球数据表格了。结果证明，这个问题中最难解决的部分正是创建这些月历表（lunar ephemeride）。月球运行轨道的复杂性，使得预测月亮－太阳距离和月亮－星星距离的工作困难重重。

因此，在收到德国地图制作家托拜厄斯·迈耶[1]自称填补了"月距法"中缺失环节的一组月星距改正表时，布拉德利对此大感兴趣。迈耶也觉得自己可以认领经度奖金了，正是这件事促使他将自己的思想以及一台新的圆周观测仪一并上呈给英国海军部的安森爵士——经度局的一名委员。（如今已官拜海军大臣的乔治·安森，就是1741年指挥"百夫长"号在合恩角与胡安·费尔南德斯岛之间凄惨地进行南太平洋航行的那个安森司令。）海军大臣安森将这些表格转交给布拉德利，请他对它们进行评估。

地图制作家迈耶在纽伦堡工作，他的任务是为霍曼地图局（Homann Cartographic Bureau）的地图产品确定精确的坐标。他用了多种工具和手段，其中就包括月食和恒星的月球掩食（也就是，当月球运行到某些恒星前面时，预计会出现的遮蔽现象）。尽管迈耶重点关注的是陆地地图，但他也必须和船员一样依靠月亮来确定时空中的位置。不过，在满足自己预测月亮位置的需求时，迈耶还掌握了一项可直接应用于经度问题的新技术——他首创了一

1 托拜厄斯·迈耶（Tobias Mayer, 1723—1762），德国天文学家，他修订了月星距改正表，对航海测量经度工作有很大帮助。

套间隔为 12 小时的月球位置所对应的月星距改正表。在从事这项工作时，他和瑞士数学家莱昂哈德·欧拉[1]进行了长达 4 年的通信，受益匪浅，因为欧拉将太阳、地球和月亮之间的相对运动简化成了一组优雅的数学方程。

布拉德利将迈耶的估计值和自己在格林尼治进行的数百次观测进行了对比。迈耶的结果在角距离上的偏差无一超出 1.5 弧分之外。这么高的吻合度让他感到很兴奋，因为该精度意味着可以将经度确定在半度的误差范围以内——而按经度法案的规定，半度恰恰是获取头等奖的神奇数。在 1757 年，也就是布拉德利拿到手抄月星距改正表的那一年，他安排约翰·坎贝尔（John Campbell）船长在"艾塞克斯"号（Essex）上对它们进行了海上测试。尽管爆发了七年战争，随后在布列塔尼半岛（Brittany）外海开展的几次航行测试却还在照常进行。测试结果表明，"月距法"前途光明。在 39 岁的迈耶死于病毒感染后，经度局于 1762 年向他的遗孀颁发了 3000 英镑的奖金，以表彰他所作出的贡献。另外，欧拉也因为奠定了理论基础而获得了 300 英镑的奖金。

因此，"月距法"是由散布在世界不同地区的各个研究者共同推进的，他们都为这个体系庞大的项目贡献了自己的一份力量。难怪这一方法在世界范围内都显得意义重大。

就连测量月亮距离（后来简称为"月距"）时存在的困难，也

---

1 莱昂哈德·欧拉（Leonhard Euler，1707—1783），18 世纪著作最多的一位数学家，在几何学、微积分、力学和数论等方面都有重大的开创性贡献，发展了一些求解实测天文学中未解决的问题的方法。

只是更增加了其可敬度。除了需要测量不同天体的高度以及它们之间的角距离之外，领航员还需要考虑天体和地平线接近程度这个因素，因为在靠近地平线的地方，光线会发生严重的折射，从而使天体的视位置高出它们的实际位置一大截。领航员还要克服月视差问题，因为在制作这些表格时假定了观察者处于地心位置，而船航行在波涛之上时大致处于海平面，站在后甲板上的水手们则很可能会足足高出海平面 20 英尺。这些因素都需要通过合适的计算进行修正。显然，如果一个人既能掌握所有这些神秘信息的数学运算，又能经受得住风吹浪打而不晕船，那他完全有理由为自己的天赋异禀感到庆幸了。

在披荆斩棘的"月距法"尚处于有待成熟的阶段时，经度局的海军将领和天文学家们就公开地对它表示了支持。联系到他们自己在海上和天空方面的生活经历，出现这种情况也算是顺理成章了。由于众多研究者通力合作，为完成这项国际性的大事业做出了不懈努力，到 18 世纪 50 年代，这种方法看起来总算是切实可行了。

相形之下，约翰·哈里森为世人提供的只是一个装在盒内嘀嗒作响的小东西。这简直是荒唐透顶啊！

更糟糕的是，哈里森的这个装置将经度问题的复杂性统统交由内部的硬件机括处理。使用者不必掌握数学或天文学知识，也不用积累什么经验，就可以让它工作起来。在科学家和借助天体进行导航的人看来，航海钟里包含了某些不适宜的东西，有点取巧，也有点侥幸。要是换作早些年，哈里森提出这样一种魔箱式

的解决方案，也许会被指控为施展巫术。事实上，哈里森是独身
一人对阵科学界在航海方面的既得利益者。他为自己设定了很高
的标准，而他的对手对他又极度不信任，因此他所处的这一独特
地位更显突出。他不仅没有因为他的成就获得预期的褒奖，反而
经历了许多令人不快的考验，这些考验始于 1759 年，那时他刚完
成自己的不朽杰作 —— 第四台计时器 H–4。

第十章　钻石计时器

黄金珍珠与水晶，

制成钟盒多晶莹。

盒内别有一洞天，

小小月夜爱煞人。

　　　　　　——威廉·布莱克　《水晶钟盒》

　　常言道：罗马建成，非一日之功。其实，光是建造罗马城的一小部分——西斯廷教堂就花了 8 年时间，而对它进行装饰又用了 11 年。从 1508 年至 1512 年，米开朗琪罗[1]就是仰卧于脚手架之顶，以《旧约》中的故事为题材，在这个教堂的拱顶上绘制壁画。自由女神像从构思到铸成经历了 14 个春秋。同样地，雕刻拉什莫尔山[2]国家纪念公园的四大总统像前后也是 14

---

1 米开朗琪罗（Michelangelo，1475—1564），意大利文艺复兴时期成就卓著的雕刻家、画家、建筑设计家和诗人。他对艺术的三大体系（雕塑、绘画、建筑设计）均擅长，并将三者合为一体。

2 拉什莫尔山（Mount Rushmoore），位于美国南达科他州西南的布莱克山区，海拔 1829 米。在拉什莫尔山东北面的花岗岩上雕刻着美国总统华盛顿、杰斐逊、林肯和罗斯福的巨大头像。这 4 座头像，每座高约 18 米，分别象征着：创建国家、政治哲学、捍卫独立、扩张和保守。这一纪念地于 1927 年开始动工，1941 年建成。

地理大发现以来，越来越多的航船扬帆出海，但由于无法准确测量经度，很容易在大海迷失方向，船毁人亡的悲剧时有发生。1707年著名的锡利海难只是现实的典型缩影

"测定经度"曾长期被公众视为无解之谜，甚至成了嘲讽的对象。威廉·贺加斯在《浪子生涯》中就描绘了一位在精神病院的墙上到处涂鸦的"经度狂人"

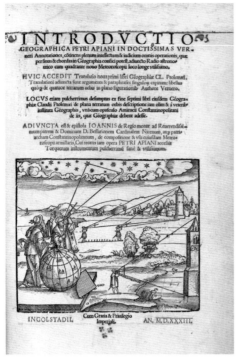

彼得·阿皮安《地理学导论》（1533 年）的扉页图，展示了如何使用十字测天仪测量月亮与星星之间的角距离

卢卡斯·扬松·瓦格纳尔《航海之镜》（1584）的扉页图。图中描绘了当时常用的几种导航工具，包括象限仪、十字测天仪和航海星盘。这些工具用于测量太阳或星星在地平线上的高度，从而确定纬度

伽利略是最早运用望远镜观测天空的科学家，他发现了木星的 4 颗卫星，认为可服务于航海事业

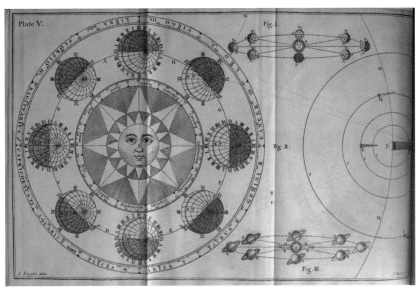

伽利略提出利用木星的卫星蚀来确定两地之间的经度差。如图所示，当木星最内侧的卫星（K，最右侧中间偏下位置）被木星（J）遮蔽时，这一现象可在地球上的 R 点和 Q 点（虚线 T 和 U 的指示点）同时看到。位于 Q 点的观察者将 R 点发生卫星蚀的时间与他所在当地时间进行比较，就可以计算出 R 点（Ⅲ，凌晨 3 点）和 Q 点（Ⅻ，午夜）之间的经度差：3 小时的时差意味着 Q 点位于 R 点以西 45 度。这种方法在陆地上很有效，但在海上观测难度极大，最后以失败告终

英国格林尼治皇家天文台建立的初衷就是为了解决经度问题。在这幅远眺图中，左侧建筑物是竣工于 1676 年的天文台主楼"弗拉姆斯蒂德之屋"

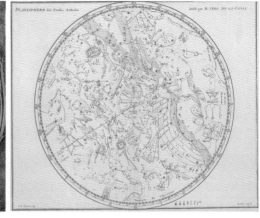

第一任皇家天文学家约翰·弗拉姆斯蒂德和他的星图

早在 1530 年，盖玛·弗里修司就提出利用机械钟确定海上经度，但以当时的技术条件并不现实

克里斯蒂安·惠更斯的肖像

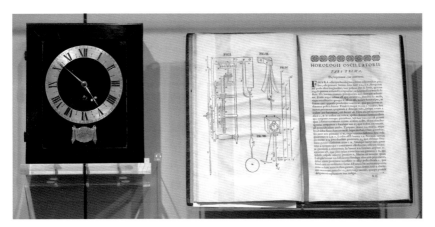

惠更斯利用摆的等时性原理发明了摆钟，提高了计时的精准度，但海上的恶劣天气仍会影响摆钟的性能。图为惠更斯早期设计的摆钟及其《摆钟论》书影

第二任皇家天文学家埃德蒙·哈雷。在对待经度问题上他没有囿于门户之见，给予约翰·哈里森莫大的支持

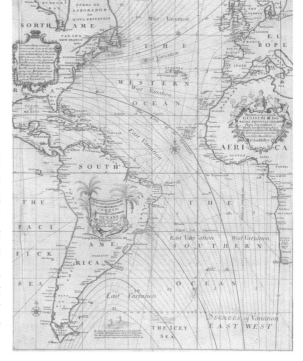

图为哈雷绘制的大西洋磁偏角地图，也是世上第一张绘有等值线的地图。哈雷试图通过比较指南针读数与地图上的磁偏角等值线来确定经度，但在实践中发现地球磁场会随时间的推移而不断发生变化，因而这种方法并不可靠

JOHN HARRISON Soulby DORKSHIRE
Inventor Compound Pendulum LONGITUDE Sea
Longitude

从航海钟H-1到H-4，约翰·哈里森数十年如一日，以工匠之身解决了几个世纪以来困扰无数科学精英的经度问题。上图为托马斯·金（Thomas King）所作，彼得·约瑟夫·塔沙尔特（Peter Joseph Tassaert）以它为蓝本创作了下图。有关这两幅肖像背后的故事，参见本书第十二章

H-1

H-2

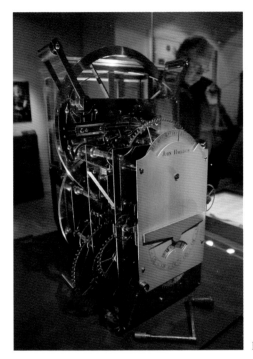

H-3

H-4 的正面和背板

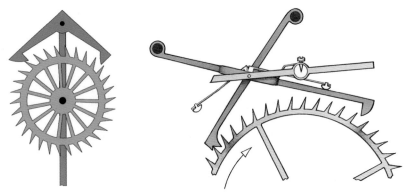

传统摆钟的锚形擒纵器   约翰·哈里森的"蚱蜢"擒纵器

擒纵器是机械钟的心脏。传统擒纵器零部件间的频繁摩擦容易导致阻滞，需要勤上润滑油，但润滑油经氧化会变得黏稠，影响时钟的性能。针对这个问题，哈里森发明了"蚱蜢"擒纵器，灵巧的擒纵叉就像蚱蜢那样从一个轮齿跳到另一个，动作轻快流畅；此外，哈里森还创造性地使用愈疮木作为零部件材料，这种热带坚木富含天然树脂，自带润滑性，不用上油。这就解决了传统擒纵器既有的摩擦问题

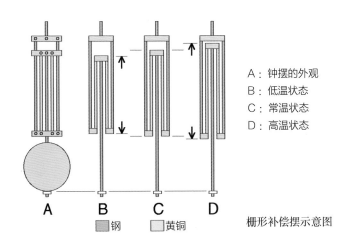

A：钟摆的外观
B：低温状态
C：常温状态
D：高温状态

钢   黄铜   栅形补偿摆示意图

单摆的振动周期与摆长有关，金属钟摆在不同温度下会发生热胀冷缩，影响走时的准确度。哈里森将热胀冷缩率不同的两种金属（钢和黄铜）组合在一起，彼此互补制约，发明了不会随温度而改变摆长的栅形补偿摆，亦称"烤架"钟摆

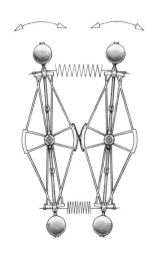

与传统的摆钟不同，哈里森在
H-1 的设计中运用了两个由弹簧
连接在一起的平衡杠，摆脱重力
影响，减轻了船体摇晃所带来的
干扰，提高计时的准确性

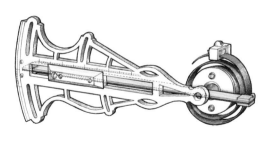

"双金属片"是哈里森制造 H-3
时引入的创新。它与"烤架"钟
摆类似，但性能更好，能快速对
任何可能影响时钟走速的温度变
化进行自动补偿，大为提高了
H-3 的计时精度。这项技术至今
仍被广泛应用于各种温控装置中

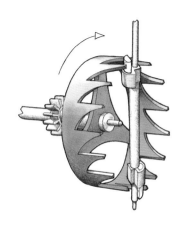

H-4 特殊的"等时性"机轴擒纵
机构

THE
British MARINER'S GUIDE.

CONTAINING,

Complete and Eafy Inftructions

FOR THE

Difcovery of the LONGITUDE at Sea and
Land, within a Degree, by Obfervations of
the Diftance of the Moon from the Sun and
Stars, taken with HADLEY's Quadrant.

To which are added,

An APPENDIX, containing a Variety of interefting
Rules and Directions, tending to the Improvement of
Practical Navigation in general.

And a Sett of correct

ASTRONOMICAL TABLES.

By NEVIL MASKELYNE, A.M.
Fellow of TRINITY COLLEGE, CAMBRIDGE, and of the
ROYAL SOCIETY.

LONDON:
PRINTED for the AUTHOR;
And Sold by J. NOURSE, in the Strand; Meff. MOUNT and
PAGE, on Tower-Hill; and Meff. HAWES, CLARKE, and
COLLINS, in Pater-Nofter-Row.
M DCC LXIII.

第五任皇家天文学家内维尔·马斯基林　　　　　　《英国海员指南》标题页

月距计算表的正反面，记录于 1767 年 9 月 5 日

位于里士满公园的乔治三世御用天文台

英国国王乔治三世对科学向来有着浓厚的兴趣和热情，这幅肖像大约绘于 H-5 在里士满天文台测试期间

H-5 是哈里森制作的 H-4 的复制品，相对简约朴素

英国皇家海军少校鲁珀特·T. 古尔德，约摄于 1914 年

1924 年，古尔德在埃普索姆的小屋车库前修复哈氏航海钟。照片中他右手握着 H–2 的摆轮，桌上摆放着 H–3

上面两张照片由古尔德的外孙女莎拉·斯泰西（Sarah Stacey）女士提供

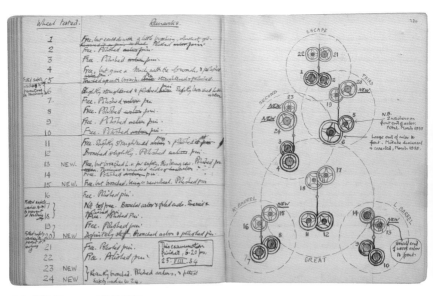

古尔德修复 H–1 时做的笔记

1884 年 10 月，国际子午线会议在美国华盛顿特区举行，格林尼治天文台旧址所在经线被确立为全球时间和经度的起点。图为与会代表合影

格林尼治本初子午线（0° 经线）地面标志

尼尔·阿姆斯特朗一直很崇拜哈里森，登月返回地球后不久曾访问英国，在唐宁街10号的一次晚宴上，他提议向约翰·哈里森敬酒，称赞哈里森的发明大为拓宽了人类探索地球的视野，正是这份壮举给了他前往月球的勇气。照片由乔纳森·贝茨（Jonathan Betts）先生摄于2009年格林尼治天文台工作室，当时工作人员正对H-1进行拆检，阿姆斯特朗在前往苏格兰的路上听说了这个消息，特地改道前往拜访

年。开凿苏伊士运河[1]和巴拿马运河[2]都用了10年工夫。有证据表明，从作出将人送上月球的决定到阿波罗登月舱成功着陆也历时十载。

约翰·哈里森制作航海钟 H-3 却花了 19 年时间！

哈里森在没有什么经验的情况下，仅用了两年就建造了一座塔钟；他在 9 年内又造出了两台具有开创性意义的航海钟。因此，历史学家和传记作家们都没法解释他在制作 H-3 时为何要花那么长的时间。我们并不是说工作狂似的哈里森拖延了时间或分散了精力。实际上，有证据表明他除了制作 H-3 外，别的什么也没干；他为从事这个项目基本上放弃了其他赚钱的活计，并差点因此毁掉自己的健康和家庭。尽管为了维持生计，他也曾承接过几台普通时钟的制作工作，但根据记录下来的情况，他这一时期的收入似乎完全得自经度局——他们数次允许他对最后期限进行延期，并给他拨过 5 次款，每次 500 英镑。

17 世纪创建的英国皇家学会，作为享有盛誉的科学社团，在这些艰难的岁月里一直是哈里森的强大后盾。在他的朋友乔治·格雷厄姆和其他一些敬仰他的皇家学会会员的一再坚持下，哈里森曾短暂离开过他的工作台，于 1749 年 11 月 30 日接受了颁

---

1 苏伊士运河（Suez Canal），位于埃及东北部。贯通苏伊士地峡，连接地中海和红海，北起塞得港，南至苏伊士城，长 160 千米，宽 180～200 米，深 12～15 米，为不设船闸的海平面运河。1859 年开工，历时 10 年才完全凿通。
2 巴拿马运河（Panama Canal），通过巴拿马地峡沟通大西洋与太平洋的通航运河。运河于 1904 年开工，1914 年 8 月 15 日首次通航。全长约 82 千米，宽 152～304 米，两端各有 3 对水闸。巴拿马运河大大缩短了大西洋与太平洋之间的航程。

发给他的科普利奖章[1]。(后来获得该奖章的人包括本杰明·富兰克林、亨利·卡文迪什[2]、约瑟夫·普里斯特利[3]、詹姆斯·库克船长、欧内斯特·卢瑟福以及阿尔伯特·爱因斯坦。)

哈里森在皇家学会的支持者们向他授予了这枚奖章——作为他们的最高献礼。后来,他们还提出要授予他皇家学会院士的头衔,这样他的名字后面就可以加上享有崇高威望的缩写"F.R.S."。但是哈里森婉言谢绝了。他反而请求皇家学会将他儿子威廉吸纳为会员。哈里森肯定知道,院士头衔要凭科学成就去争取,不能像普通财产那样进行转让,就算是给直系亲属也不行。不过,威廉凭着自己的真才实学,也于1765年正式当选为皇家学会会员。

约翰·哈里森这个存活下来的唯一的儿子选择了子承父业。虽然在制作航海钟的工作启动时,威廉还只是个毛孩子,但H-3却伴随他度过了从十来岁到二十几岁的时光。直到45岁时,他仍在忠心耿耿地和父亲一道研制经度计时器,护送它们去进行试验,并支持老哈里森挺过与经度局打交道时遭受的种种磨难。

对于制作包含了753个单独零部件的H-3时所面临的困难,

1 科普利奖章(Copley Gold Medal),是英国皇家学会颁发的最古老的科学奖之一。1731年以皇家学会的高级会员戈弗里·科普利爵士的遗赠设立。每年颁发一次,为一枚镀金银质奖章和100英镑奖金,授予专为申请此奖而进行的自然哲学研究成果。获奖成果都需发表过,或向皇家学会通报过,而且只授予在世学者。对获奖者没有国籍、种族的限制,对获奖项目完成的时间也没有限制,同一学者可以因不同成果而多次获奖。科普利奖章虽然奖金金额远比不上其他很多奖,但它在学术上的地位因其历史久远而不衰。
2 亨利·卡文迪什(Henry Cavendish,1731—1810),英国物理学家和化学家。曾用扭力天平验证万有引力定律,从而确定了引力常数和地球的平均密度。
3 约瑟夫·普里斯特利(Joseph Priestley,1733—1804),英国教士、政治家、教育家和科学家,大大推动了18世纪的自由思想和实验科学。他的多方面著作对欧洲和北美的政治、宗教和科学产生过深远的影响。

哈里森父子似乎一直保持着平和的心态。他们从未诅咒过这台仪器，也没有因为它耗去了他们这么多年的心血而感到懊恼。约翰·哈里森在回顾自己职业生涯的里程碑时，反而因为 H-3 给了他铁的教训而满怀感激。他曾这样写 H-3："若不是通过和我的第三台机器打的这些交道……我怎么可能知道世上还会有这么意义重大的一件事，又怎么可能做出这么有用的一个发现呢……花在我精巧的第三台机器上的这些金钱和时间都是完全值得的。"

哈里森在 H-3 中引入的一项创新，在如今的恒温器和其他一些温控设备中还能找得到。它的名字毫无诗意，就叫双金属片。双金属片类似烤架摆，但性能更好，能更迅速地对任何可能影响时钟走速的温度变化进行自动补偿。尽管哈里森在前两台航海钟里已放弃使用钟摆，但他还是保留了用铜条和铁条组合成的"烤架"，安在平衡器附近，以便实现免受温度波动影响的时钟。如今，他专为 H-3 制作了这种简单实用的金属片——由黄铜薄片和钢铁薄片铆合而成——来达到同样的目的。

哈里森为 H-3 研制的一个新奇的防摩擦器件也沿用至今，那是笼式滚柱轴承（caged roller bearing）。如今，几乎所有带运动部件的机器都因为安装了这种轴承得以平稳运转。

H-3 在哈里森目前所造的 3 台航海钟中是最轻的，只有 60 磅重——比 H-1 轻了 15 磅，比 H-2 轻了 26 磅。H-3 不再使用每头带 5 磅铜球的哑铃状平衡杠，而代之以两个大的圆形平衡器。这两个平衡器其中一个装在另一个上方，彼此用金属带相连，并由一根螺旋弹簧控制着。

考虑到船长舱中地方狭小，哈里森一开始就将计时器的紧凑性作为追求目标。不过，他还从来没有想过要制作可以放在船长衣袋中的经度手表，因为大家都知道，手表不可能达到时钟那么高的精度。H-3比较小巧，只有2英尺高、1英尺宽。按哈里森1757年完成这项工作时的技术水平来衡量，这差不多已是一台航海钟所能达到的最小尺寸了。尽管哈里森并不觉得H-3的性能有多令人振奋，但他认为它的体积已经足够小，可以让船上的其他物件摆放得井井有条。

一次极偶然的机缘巧合——如果你相信有机缘这么一回事——改变了他对这个问题的看法。他在伦敦结识了形形色色的工匠，并将经度计时器所需要的各种铜器和专业性细活都直接外包给他们。这些工匠中有一个叫约翰·杰弗里斯（John Jefferys）的人，他是钟表商名家公会的"自由人"[1]。1753年，杰弗里斯为哈里森制作了一块供他个人使用的怀表。杰弗里斯显然遵照了哈里森的设计规范，因为他在这块表内安装了一个小小的双金属片，从而保证它不管天冷天热都能准确走时。温度每变化一度，当时的其他手表都会变快或变慢10秒左右。此外，所有早先的手表在上发条时要么停走要么反走，而这一块表装了值得夸耀的"储能器件"，因此在上发条时也可以正常走时。

有些钟表史学家认为，杰弗里斯的这个计时器是第一款真正

---

1 "自由人"（Freeman）制度为钟表商名家公会实施的一种制度。至少在理论上，一个人要先成为该公会的一名"自由人"，才能在伦敦出售钟表或钟表部件。可以通过为一名自由钟表匠当学徒、缴纳赎金或子承父业等几种不同的方式，成为一名"自由人"。

的精密表。隐喻性地说，哈里森的名字遍布了整块表的里里外外；
而实际情况是，只有约翰·杰弗里斯在表盖上签了自己的名字。
（这块表至今还保存在钟表匠博物馆中，说起来真是个奇迹，因为
它曾被锁在一家珠宝店的保险柜里，而该店在"二战"期间的不
列颠战役中被炸弹直接击中，致使它在接下来的 10 天里又被埋入
灼热的建筑物瓦砾中备受烘烤。）

　　结果证明这块表可靠得出奇。哈里森的后人们回忆，他一直
将它装在衣袋里。这块表的身影也时时闪现在他的脑海中，让他
琢磨着如何缩小航海钟的尺寸。1755 年 6 月，他在照例就 H-3 最
近一次的延迟向经度局作出解释时，提起了杰弗里斯制作的这块
手表。由那次会议的纪要可知，哈里森说过，基于一块"已按他
的指导生产出来的"手表——杰弗里斯制作的那块手表——他
有"较充分的理由相信，这种小机器说不定也可以……对测定经
度起到很大的帮助作用"。

　　1759 年，哈里森完成了那块最终为他赢得经度奖金的 H-4。
这台时钟在外形上更像杰弗里斯制作的那块手表，而不是像它正
宗的前辈 H-1、H-2 和 H-3。

　　作为大个的铜制航海钟系列的末代后继者，H-4 像从魔术帽
中扯出的兔子一样让人感到惊讶不已。尽管它直径达到了 5 英寸，
当怀表是大了点；但是，在航海钟里，它可是个不折不扣的小不
点，而且它的重量也仅为 3 磅。H-4 装在一对银表盒内，高雅的
白色表面上用黑线醒目地描出 4 幅式样相同的装饰图案，其主题
为花哨繁复的水果与叶子。这些图案环绕着表盘上表示小时的罗

马数字和表示分秒的阿拉伯数字，中间 3 根青钢表针无误地指示出正确的时间。人们很快就意识到，这块表简直就是优雅与精确的化身。

哈里森很钟爱这块表，并用比他表达其他思想时清晰得多的话语说："我想我可以斗胆地说，世界上没有哪一个机械的或数学的东西，在构造上比我这块表或经度计时器更漂亮或精美了……我由衷地感谢万能的上帝，总算让我活到了完成它的那一天。"

在这台神奇的仪器的内部，零部件看起来比外表还要可爱。就在银表盒下面，有一块镂空雕花的护板，保护着藏在密密麻麻的花哨雕饰后面的机件。这些设计除了让观察者眼花缭乱之外，并没有实际的用途。靠近护板边界的地方，写着醒目的签名"John Harrison & Son A.D. 1759"（约翰·哈里森父子于公元 1759 年）。而在护板之下，位于转动的齿轮之间的钻石和红宝石被用来消除摩擦。这些经过精心切割的小宝石，代替了哈里森原来那些大时钟里的防摩擦齿轮和机械"蚱蜢"。

哈里森是如何掌握给他的钟表装上宝石这项技术的，这是 H-4 最撩人的秘密之一。哈里森关于这块表的描述，只是简单的一句声明："推杆[1]是用钻石做的。"随后他并没有作进一步的解释，比如为什么选用这种材料，以及怎样将这些宝石加工成这种至关重要的形状。由制表匠和天文学家组成的委员会曾将这块表拆开检查并反复进行了测试；但即使在那段充满磨难的岁月里，

---

1 推杆（Pallet）是钟表内接受摆轮的推动并将冲量分给平衡轮或钟摆的任何一种杠杆或平面，是擒纵机构的一部分。

也没有留下任何针对钻石部件进行提问和讨论的记录。

如今，H–4 被庄严地陈列在英国国家海事博物馆的展览柜里，每年都吸引着数以百万计的游客前往参观。大多数的游客都是在参观过 H–1、H–2 和 H–3 的展柜后，才过来看这块表的。无论是大人还是小孩，都会像受了催眠一样呆呆地站在那些大个的航海钟前面。他们会跟着 H–1 和 H–2 那如节拍器般摇摆的摆式平衡器，左右转动着脑袋；他们会随着有规律的嘀嗒声呼气吸气；偶尔还会因为从 H–2 底部探出的单叶风扇突然开始转动，而吓得喘不过气来。

然而，H–4 却会让他们全身发冷地停住。它原本想要表明这是一系列有序的思想和努力的结果，但给出的结论却让人感觉完全不合乎逻辑。而且，它还处于静止状态，跟前面看到的那些急速转动着的时钟形成了鲜明的对比。它的机芯隐藏在封闭的银表盒里面，而它的表针也凝固不动了。甚至连秒针也一动不动。H–4 现在不走时了。

如果馆长们同意，还是可以让 H–4 走时的，但是他们反对这样干，理由是 H–4 现在享有崇高的地位，像一个神圣的遗迹或一件无价的艺术珍品，要好好留存给后人。让它走时也许会毁坏它。

在上足发条后，H–4 一次可以走 30 个小时。也就是说，它跟那些大个航海钟一样，也要每天上发条。但跟那些大个子前辈不同，H–4 可经不起人们天天折腾了。事实上，这块常被誉为"史上头号重要计时器"的 H–4，已给出了无声而有力的证据，表明它因为太受欢迎而备受摧残。就在 50 年前，它还待在带垫子和发条钥匙的原装表盒里。可是这些年里它们全被弄丢了，就丢失在H–4 的使用过程中——人们将它从一个地方转移到另一个地方，展览它，给它上发条，让它走时，清洗它，再转移它。1963 年，尽管已得过丢失表盒这一令人警醒的惨痛教训，H–4 还是作为展品之一，前往美国参加了华盛顿海军天文台的一次展览。

哈里森的大个航海钟，跟他那座位于布罗克莱斯比庄园的塔钟一样，"本钱"雄厚，受得住经常性的使用，因为它们在设计上都具有无摩擦的特性。它们都体现了哈里森在通过仔细选择和安装部件来消除摩擦方面所做出的开创性工作。但是，就连哈里森也没能在制作 H–4 时将防摩擦齿轮和笼式滚柱轴承小型化。因此，他不得不给这块表上润滑油。

用于钟表的润滑油，经常会将机件弄得脏兮兮的，因此得定期保养才行（哈里森所处的时代如此，今天仍然如此）。当润滑油渗入机芯中，它会改变黏度和酸碱度，到后来它不仅没法再起润滑作用，反而会滞留在机芯内部的角落里，大有让钟表停摆的危险。因此，为了保证 H–4 持续工作，维修人员要定期对它进行清洗，大约每 3 年一次；而清洗过程要求将所有的零部件完全卸下来——而且不管维修人员如何小心翼翼，也不管带着多少敬畏之心，用镊子进行操作时，还是会有损坏某些零部件的风险。

而且，运动部件即使一直处于润滑状态，还是会不断地受到摩擦，迟早会出现磨损，最后人们不得不将它们替换掉。照自然磨损过程的速度估计，馆长们担心用不了三四个世纪，H–4 就会变得面目全非，完全辨认不出哈里森在 3 个世纪前将它交到我们手中时的模样。不过，以它目前这种"假死"状态来看，H–4可能有望长期得到妥善保存，虽然具体能有多长的寿命还不得而知。预计可以延续几百年乃至几千年 —— 基于这一未来，我们可以恰当地将这个计时器称为钟表学上的《蒙娜·丽莎》或《夜巡》[1]。

1《夜巡》(*The Night Watch*)，荷兰画家伦勃朗的代表作，由阿姆斯特丹皇家美术馆收藏。

第十一章 水与火的考验

自从这十位英雄

启程前往弗拉姆斯蒂德山

各显身手以来，

已过去了两月有余……

但是，马斯基林牧师 ——

你这科学界的小丑啊！

你当心点，别老想着靠耍手腕取胜……

要知道设立经度奖金的那个伟人，

像统治天空的朱庇特主神一样铁面无私。

　　——《C.P.》《格林尼治号子》或《天文比赛者》

一个歌颂英雄的故事难免要朝一个恶棍喝喝倒彩 —— 那位在历史上被称作"水手们的天文学家"的内维尔·马斯基林牧师，就充当了这个故事中的反面角色。

公正地说，马斯基林更像一位反英雄而不是一个恶棍。也许，他只是顽固不化而非冷酷无情。不过，约翰·哈里森却对他恨之入骨，而且他的怨恨也并非毫无来由。这两个人之间的紧张关系，将角逐经度奖金的最后阶段的竞争演变成了一场激战。

马斯基林先是参与"月距法"方面的工作，继而欣然支持它，最后发展成为它的代言人。他痴迷于精确观察和详尽计算，因此对他而言，和这种方法融为一体并非什么难事，他甚至不惜将自己的婚期推迟到了 52 岁。他对什么事情，从天体位置到个人生活中的琐事（包括他 80 年人生历程中大大小小的每一笔开销）都做了记录，而且在记录时都毫无例外地采取一种客观的超然物外的态度。他甚至用第三人称口吻写作自传。这份保存下来的自传手稿是这样开头的："M 博士是长期定居在威尔特斯县（Wilts）珀顿（Purton）的一个古老家族中最后一名男性继承人。"在随后的一些页面中，他交替地将自己称为"他"和"我们的天文学家"——甚至在主人公于 1765 年成为皇家天文学家之前就这样称呼了。

作为家族中一长串名叫内维尔的男子中的第四位，马斯基林生于 1732 年 10 月 5 日。因此，他比约翰·哈里森要年轻 40 岁左右，虽然他看上去似乎从未年轻过。早年的他被一位传记作家称为"学习相当刻苦"以及"有点一本正经"的人；他全身心地投入天文学和光学的学习，一门心思想成为一位重量级的科学家。他们家在家信中用昵称"比利"和"芒"称呼他的哥哥威廉和埃德蒙，用"佩吉"称呼他的妹妹玛格丽特，而称呼他从来都是直接用"内维尔"。

跟没受过正规教育的约翰·哈里森不同，内维尔·马斯基林先后上了威斯敏斯特中学和剑桥大学。他半工半读，以干杂活的方式换取学费减免，直到完成大学学业。作为三一学院的一名院士，他担任过圣职，因此获得了"牧师"的尊称。曾有一段时期，他还在位于伦敦北面约 10 英里处的奇平巴雷特（Chipping Baret）教堂当过副牧师。在 18 世纪 50 年代的某个时候，当马斯基林还是一名学生时，他就因为献身于天文学事业的抱负以及与剑桥大学的渊源，结识了后来成为第三任皇家天文学家的詹姆斯·布拉德利。他们俩是天生的绝配，于是两颗忠诚而讲究条理的心就终身结合在一起，为寻求经度问题的解决方案而共同奋斗。

布拉德利的职业生涯当时所处的阶段是，正准备借助德国天文学家、数学家兼地图制作家托拜厄斯·迈耶寄来的月星距改正表，对"月距法"进行全面整理。根据马斯基林对这件事的描述，1755—1760 年，布拉德利在格林尼治进行了 1200 次观测，然后通过"繁琐的计算"得出结果，并与迈耶的预测结果比较，以验证这些月星距改正表。

马斯基林对这类事情自然怀有浓厚的兴趣。1761 年，出现了一次事先就被大肆渲染的天文现象 ——"金星凌日"。利用这次机会，马斯基林通过布拉德利在一支探险队中谋得了一份美差：验证迈耶工作的正确性，并展示月星距改正表在导航中的价值。

马斯基林远航到了大西洋上赤道南部的一个小岛 —— 圣赫勒拿岛。17 世纪时，埃德蒙·哈雷在这个岛上绘制过南方星图；而在接下来的一个世纪里，拿破仑·波拿巴也被流放到这个岛上，度过了他生命的最后时光。在往返于圣赫勒拿岛的航程中，马斯基林使用哈德利象限仪和迈耶的月星距改正表，多次测出了他们在海上的经度，这令他自己和布拉德利都很高兴。在马斯基林能干的双手之下，"月距法"像被施过魔法似的管用了。

马斯基林还用"月距法"精确地测定了圣赫勒拿岛的经度——此前它一直是未知的。

在这个岛上逗留期间，马斯基林完成了他名义上的主要任务：当金星像一个小小的黑斑一样穿过太阳表面时，他一连好几个小时，对该过程进行了观察。要发生这种金星凌日现象，金星必须刚好在地球和太阳之间通过。这3个天体的相对位置和运行路径决定了金星凌日现象会成对地发生，两次之间的间隔为8年，但每个世纪只出现一对。

1677年，哈雷在圣赫勒拿岛目睹了更常见的水星凌日现象的部分过程。他对此类天文现象的潜在价值大感兴趣，并敦促皇家学会跟踪接下来要出现的金星凌日现象。该现象跟哈雷彗星的下次回归一样，他都不可能在自己有生之年亲眼看见了。哈雷令人信服地证明：如果在地球上广泛分布多个观察点，并从这些地方对行星凌日现象进行多次仔细观测，就可以揭示出地球和太阳之间的实际距离。

于是，作为一次规模不大却又算是国际性的科学考察活动的一部分，马斯基林在1761年1月启程前往圣赫勒拿岛。参加这次科考活动的还有几支法国天文远征队，他们分别前往西伯利亚、印度和南非等地一些精心选择的观测点。在1761年6月6日发生金星凌日现象时，两位英国天文学家——查尔斯·梅森（Charles Mason）和耶利米·狄克逊（Jeremiah Dixon）结为搭档，在好望角成功地进行了观测；几年后，这两个人还划定了美国宾夕法尼亚

118

州和马里兰州之间的著名分界线 [1]。第二次金星凌日现象预计会在 1769 年 6 月 3 日出现。于是，詹姆斯·库克船长进行了第一次航行，到他提议的波利尼西亚去观测这次天文事件。

不幸的是，马斯基林发现自从哈雷访问圣赫勒拿岛以来，该地区的气候条件并没有多大的好转，以致金星凌日过程的后半部分都被乌云遮蔽掉了，没能看全。不过，他在这里多待了几个月，比较了圣赫勒拿岛和格林尼治的重力情况，还设法测量了地球到附近的高亮度恒星——天狼星的距离，并通过对月球进行的观察计算出了地球的大小。这些工作，加上他在经度前沿的卓越表现，足以弥补他在观察金星时留下的遗憾了。

与此同时，在经度测定历史上具有重大意义的另一次航行也在 1761 年启航，不过它与金星凌日观测之旅完全没有关系，那是威廉·哈里森携带着他父亲制作的钟表前往牙买加进行海上试验。

哈里森的第一台计时器 H-1 只到过葡萄牙的里斯本，而 H-2 根本就没出过海。造了将近 20 年的 H-3，如果不是受阻于七年战争，本来在 1759 年完工后马上就可以出海进行试验的。这一世界性的战争波及了包括北美洲在内的三大洲，将英国、法国、俄国和普鲁士等国家都卷入了冲突。在战乱期间，皇家天文学家布拉德利带着月星距改正表的手抄副本，登上在敌对国法国的海岸边巡逻的军舰，对它进行了测试。但是，任何头脑正常的人都不会

---

1 即著名的梅森—狄克逊分界线，原为美国宾夕法尼亚州和马里兰州之间的著名分界线；在南北战争前时期，它被看作诸蓄奴州和禁奴州的分界线，长 233 英里，系 1765—1768 年由英国人查尔斯·梅森和耶利米·狄克逊测定，位于北纬 39°43′。至今犹为区分美国北部和南部的象征性政治和社会标志。

将 H-3 这种独一无二的仪器带到这么不安定的水域，因为在那里它有可能被敌军俘获。至少布拉德利开始时是这样辩称的。但是到 1761 年，终于要开始对 H-3 进行正式测试时，这种论调就不攻自破了，尽管大战还在激烈地进行着——这场以持续时间得名的七年战争那时才进行到第五年。至此，人们不禁要设想，布拉德利也许居心叵测地希望 H-3 遭遇点什么不测。不管怎么样，沾了追踪金星凌日现象这一国际行动的光，所有打着科学旗号的航行在某种程度上都合法化了。

在 H-3 制作完成但还未试验的日子里，哈里森很自豪地于 1760 年夏季向经度局提交了他的最得意之作（pièces de résistance）H-4。经度局选择了在同一次航行中对 H-3 和 H-4 一道进行测试。于是，1761 年 5 月，威廉·哈里森带着较重的航海钟 H-3 从伦敦坐船抵达了朴次茅斯港，他已得到命令在那里等待安排船只。与此同时，约翰·哈里森却正在手忙脚乱地对 H-4 做上场前的最后精调。他计划在朴次茅斯港和威廉碰头，并在起锚前的那一刻将便携的计时器 H-4 交到他手上。

5 个月后，威廉仍然在朴次茅斯港的码头上等待开船命令。此时已是 10 月份了，推迟试验让威廉感到百事不顺，而他又担心妻子伊丽莎白的健康状况——她在儿子约翰出生后一直生着病，这一切让他焦躁不安。

威廉怀疑布拉德利博士是为了个人的利益而故意推迟海上试验。通过拖延哈里森的试验，布拉德利可以为马斯基林争取更多的时间，以获取支持"月距法"的证据。这听起来好像是威廉单方面偏执狂式的臆想，但是他有证据表明布拉德利本人对经度奖金也感兴趣。在一篇日记中，威廉记载了他和父亲如何在一个仪表制造商的店里偶然碰到布拉德利博士，并在那里引发了布拉德利明显的敌意。威廉这样写道："博士看起来很生气。他情绪十分激动地对哈里森先生说，要不是因为他和他那该死的手表，迈耶先生和他早就分享了那1万英镑的奖金了。"

作为皇家天文学家，布拉德利是经度局的当然委员，因而也是经度奖金竞赛的一位裁判。威廉的描述似乎表明拉德利本人也在参与争夺经度奖金。布拉德利在"月距法"上的个人投入可以称作"利益冲突"，只是用这个词来描述哈里森父子所对抗的势力，似乎显得太轻描淡写了一点。

不管是什么原因导致了延迟，经度局在威廉于10月份返回伦敦后不久，就召开了会议，并决定采取行动。于是，威廉在11月总算登上了英国皇家海军"德普特福特"号（Deptford）。这次只带上了H-4。在等待出发的漫长岁月里，他父亲觉得不让H-3参加试验更合适。哈里森父子将所有一切都押在H-4这块表上了。

为了保证这次试验的可信度，经度局坚持给装H-4的盒子加上了4把锁，每把锁由不同的钥匙来开启。当然，威廉握有其中的一把，因为他得负责每天给H-4上发条。另外3把则交由愿意见证威廉一举一动的可靠人选保管。他们分别是当时刚得到委任状还未及上任的牙买加总督威廉·利特尔顿（William Lyttleton）——他是钟表匠威廉在"德普特福特"号上的旅伴、该船的船长达德利·迪格斯（Dudley Digges）以及迪格斯的舰务官

J. 苏厄德（J. Seward）。

　　两位天文学家（一个待在朴次茅斯，另一个随船前往牙买加）负责确定离开时和到达时正确的当地时间。威廉得到指示，要由他们来设定时间。

　　航程刚展开不久，人们就发现许多奶酪和成桶的饮料已不适于食用。迪格斯船长下令将它们统统扔进海里，于是危机陡然出现。这艘船的船长在航海记录中写道："这一天所有的啤酒都倒光了，人们不得不喝清水。"威廉向人们承诺，苦难很快就会过去，因为他用 H-4 估算出"德普特福特"号将在一天内抵达马德拉岛[1]。迪格斯争辩说这块表偏差太大，因为现在船离马德拉岛还很远，并提出要跟威廉打赌。不管怎么样，第二天早上马德拉岛就进入了人们的视野，很快成桶的葡萄酒又装上了船。于是，迪格斯向威廉作出了新的提议：他愿意在第一时间购买威廉和他父亲投放市场的第一台经度计时器。还在马德拉岛时，迪格斯就提笔给约翰·哈里森写信说：

　　　　亲爱的先生，我刚得空告知您……您制作的钟表完美地预测到了马德拉岛的经度；根据我们的航海日志，我们东偏了1° 27′。我用一张法国地图查出，那会是特内里费岛（Teneriffe）

---

1 马德拉岛（Madeira），是北大西洋上一个属于葡萄牙的群岛中最大的一个岛屿。它距离里斯本 980 千米，东距北非西海岸约 580 千米。在蒸汽轮船发明之前，该岛一直是从非洲贩卖黑奴的重转运站，无数黑奴从这里被贩卖到欧洲和美洲。现为欧洲著名的旅游胜地之一，被誉为"大西洋的明珠"。岛内特产一种叫马德拉酒的白葡萄酒。据说马德拉酒本身并不爽口，但一次偶然的机会，海盗们把从岛上掠夺来的马德拉酒挂在船头，不想经过日光暴晒后却变得香醇可口了，从此该酒名扬天下。

所处的经度。因此，我认定您的钟表是正确无误的。再见。

这次横渡大西洋的航行花了将近 3 个月时间。1762 年 1 月 19 日，"德普特福特"号一抵达牙买加的罗亚尔港（Port Royal），经度局的代表约翰·罗宾逊就架起他的天文仪器，确定了当地的正午。接着，罗宾逊和哈里森用他们的钟表进行了对时，并根据它们的时差确定了罗亚尔港的经度。经过 81 天的海上航行，H–4 仅仅慢了 5 秒钟！

迪格斯船长是个不肯抹杀别人功劳的大好人，他仪式性地向威廉——以及威廉那不在现场的父亲——赠送了一台八分仪，以纪念这次成功的试验。这个当过奖品的特殊仪器现在也陈列在英国国家海事博物馆里。博物馆馆长在一张评论卡上写道："对于设法让使用月距测定经度的方法显得多余的人而言，它似乎是一件奇怪的礼物。"肯定是迪格斯船长在哪里看过斗牛比赛，所以他就以这种方式将"被征服的动物的耳朵和尾巴"奖给了威廉。实际上，这件礼物对迪格斯而言相当于一种自我牺牲，因为即使手头有了这块可以给出伦敦时间的钟表，他在海上确定当地时间还是需要用到八分仪。

在他们抵达牙买加一个多星期之后，威廉、罗宾逊以及这块表搭乘"梅林"号（Merlin）返回英国。因为返程时天气比较恶劣，威廉一直在为保持 H-4 干燥而操心。波涛汹涌的大海不时将海水泼进船内，甲板往往浸在 2 英尺深的水里，甚至连船长舱也漏进去足有 6 英寸深的积水。可怜的威廉晕着船，却还要将这块表裹在毯子里，为它提供防护。毯子湿透后，他就睡在里面，用自己的体温将毯子烘干。在航行结束时，威廉发起了高烧。但是多亏采取了这些预防措施，最终的结果让他感到自己的一番苦心总算没有白费。到 3 月 26 日回国时，H-4 一直在运转。而且，经校正后，去程和回程加在一起的总误差，也不到两分钟。

哈里森的钟表已经实现了经度法案规定的所有指标，按理说在当时当地就应该把奖金颁发给他，但是一些不利于他的事件"串通一气"，阻止了这笔经费发到他这个应得者的手里。

首先，在同年 6 月召开的一次经度局会议上，委员们对试验进行了评估。原来规定只需 4 把钥匙和两位天文学家，现在经度局又招来 3 名数学家，再三核对用于确定朴次茅斯和牙买加时间的数据，似乎这两个地方的数据突然之间变得不够充分、不够精确了。委员们还指责威廉没有遵照皇家学会设定的某些规则，通过木星卫星蚀来确定牙买加的经度——威廉并没有意识到有人要求他这样做，而且无论如何，他也不知道怎样才能做到这一点。

因此，经度局在 1762 年 8 月提交的最终报告中给出的结论是："对这块表所进行的试验不足以在海上测定经度。"H-4 必须在更严密的监视下再进行一次新试验。下次再带着它前往西印度群岛吧，但愿那时运气能好点！

约翰·哈里森获得的奖金不是 20 000 英镑，而是 1500 英镑。这是用于表彰他制作了"一块对大众相当有用的手表，虽然还没有迹象表明该发明在测定经度方面能派上大用场"。在 H-4 完成第二次海上任务后，他还可以指望再领到 1000 英镑。

124

作为"月距法"这一竞争方案的拥护者，马斯基林紧随威廉之后，于 1762 年 5 月从圣赫勒拿岛返回了伦敦，而且他此行收获颇丰。他立即出版了《英国海员指南》(*The British Mariner's Guide*)——相当于迈耶月星距改正表的英译本，再加上这些表格的使用说明。这项工作奠定了他日后的声誉。

迈耶本人因病毒感染在那年的 2 月去世，年仅 39 岁。接下来，皇家天文学家布拉德利也在同年 7 月逝世。他享年 69 岁，可能也不算死得太早了，但马斯基林却断言：他导师是由于长期从事月星距改正表方面的艰巨工作才英年早逝的。

哈里森父子很快就发现，虽然经度局中没了布拉德利这个人，但他们的处境也丝毫未见改善——布拉德利的去世并没有缓和其他委员的强硬态度。皇家天文学家的岗位一直空缺了整整一个夏天，到后来纳撒尼尔·布利斯[1]才被任命担任这个职务。威廉只好和经度局的委员们通信，为这块表辩护。他在 6 月和 8 月的两次经度局会议上受到了沉重的打击，并在回家时给父亲带去了令人丧气的消息。

第四任皇家天文学家布利斯成为经度局的当然委员后，马上就将矛头指向了哈里森父子。跟他的前任布拉德利一样，布利斯的心目中也只有"月距法"。他坚持认为这块表的所谓精确性不过是个偶然事件，并预计它在下一次试验时就不会得到精确的结果。

---

1 纳撒尼尔·布利斯（Nathaniel Bliss, 1700—1764），英国著名天文学家。他于 1742 年继任哈雷成为牛津大学的几何学教授，并任萨维尔讲座教授；同年当选为皇家学会院士。他在 1762—1764 年出任第四任英国皇家天文学家。

　　经度局中没有哪位天文学家或海军将领具备钟表方面的知识，也不知道是什么使它运转得如此有规则。也许他们不能理解它的机理，但从 1763 年年初起，他们就不断向哈里森施加压力，让他将 H-4 的工作机理解释给他们听。这件事不只是在智力上满足好奇心的问题，它还关系到了国家安全。这块表是有价值的，因为它似乎改进了在"月距法"中进行定时的普通钟表。在天气恶劣，看不到月亮和星星时，这块表甚至可以取代"月距法"。而且，约翰·哈里森也不是越活越年轻。要是他死了，并将这个可能有用的秘密带进坟墓，那该怎么办？要是在下一次试验时发生海难，致使威廉和这块表一同葬身海底，那又该怎么办？很显然，经度局必须先彻底弄清楚这个计时器的秘密，才能再次派他们到海上去对它进行试验。

　　法国政府派出一个由包括费迪南德·伯绍德在内的钟表学家组成的小型代表团，前往伦敦，希望哈里森能向他们披露这块表的内部工作机理。哈里森当时就相当警惕——这也是可以理解的——他将法国人赶走了。同时，他也恳求国人向自己保证不会有人盗取他的思想。他还请求国会下拨 5000 英镑经费，以兑现保护他的权益的承诺。谈判很快就陷入僵局。哈里森没有得到经费，他也没有透露钟表的机密。

　　最后，1764 年 3 月，威廉和他的朋友托马斯·怀亚特（Thomas Wyatt）一起登上了英国皇家海军"鞑靼"号（Tartar），带着 H-4 驶向巴巴多斯岛（Barbados）。"鞑靼"号的船长约翰·林赛爵士（Sir John Lindsay）对第二次试验的第一阶段进行了监管，并在前往西印度群岛途中对这块表的操作过程进行监视。威廉在 5 月 15 日靠岸，并准备和经度局指派的天文学家们（他们乘坐"路易莎公主"号先期抵达了这座岛上）核对记录，这时他发现了一张熟悉的面孔。在天文台正准备对这块表的性能作出评判的人，就是由纳撒尼尔·布利斯精心挑选的忠实追随者——内维尔·马斯基林牧师。

马斯基林向驻岛人员抱怨说，他自己也在进行第二次试验。在前往圣赫勒拿岛的那次航行中，他已清楚地表明"月距法"才是解决经度问题的绝佳方案。他还大吹法螺：在这次来巴巴多斯岛的途中，他确信已完全解决了这个问题，经度奖金也非他莫属了。

当威廉听到这些言论后，他和林赛船长都质疑马斯基林是否还适合对 H-4 作出公正的评判。马斯基林被他们的指控激怒了。他先是大动肝火，继而又变得坐立不安。在这种不安的状态下，他将天文观测弄得一团糟——尽管所有出席的人都回忆道，当时的天空万里无云。

第十二章　两幅肖像的故事

美妙的音乐失去了合度的节奏，

听上去是多么可厌！

人们生命中的音乐也正是这样。

我曾经消耗时间，现在时间却在消耗着我；

时间已经使我成为他计时的钟，

我的每一个思想代表着每一分钟。

——威廉·莎士比亚 《理查二世的悲剧》[1]

约翰·哈里森生前请人给自己画过两幅引人注目的肖像，它们一直留存至今。第一幅是由托马斯·金（Thomas King）创作的正式油画肖像，绘成时间在 1765 年 10 月至 1766 年 5 月之间。另一幅是由彼得·约瑟夫·塔沙尔特（Peter Joseph Tassaert）于 1767 年开始创作的版画。这幅版画显然是以第一幅画为蓝本进行创作的，因为几乎每一个细节都与那幅油画相同。实际上，它们之间只在一个细节上有出入 —— 而恰恰就是这个差别，向我们讲述了一个让画中人感到屈辱和绝望的故事。

---

1 本诗译文参考了《莎士比亚全集：理查二世（第五场）》，朱生豪译，人民文学出版社，1978 年。

　　如今，这幅油画挂在老皇家天文台的画廊里。这表明哈里森作为一个重要人物得到了承认。画中的他身穿咖啡色双排扣常礼服和西裤，采用坐姿，而他的发明则簇拥着摆放在身旁。他右边是 H-3；身后是他为另外几个计时器设计制作的高精度烤架摆调节器。他坐在那里，后背挺直，带着志得意满的神色，却并不显得趾高气扬。他头戴白色的绅士假发，面部光洁得令人难以置信。（根据哈里森在童年康复病体时迷上钟表的那个故事，他当时患的是重症天花。但是，从这张画看来，要么是那个传说有误，要么是他神奇地复了原，要么就是画家故意将那些麻点掩去未画。）

　　他双目平视，只是因为已是 70 多岁的高龄，蓝色的眼睛看起来有点发红并带些泪光。只有那中间上拱的双眉以及眉宇间的皱纹，才暴露出他匠人式的谨慎和时刻萦绕心头的焦虑。他左手叉腰，放在髋部。而右小臂则搁在桌子上，手里握着……那块杰弗里斯怀表！

　　H-4 到哪去了呢？在创作这幅画的时候，它早已制成多年了，而且一直被哈里森当作心肝宝贝。他原本是想坚持将 H-4 画进去的。事实上，它真的出现在塔沙尔特的版画中了。令人感到奇怪的是，铜版画和油画对哈里森右手腕这个地方的处理大不相同。在版画中，他的右手空着，掌心向上，隐约地显示出要伸向 H-4 的姿势。现在，这块表放在桌上，因透视变形缩短了一点，下面是它的几张设计图。应该承认，计时器 H-4 看起来确实太大了，没法像比它小一半的杰弗里斯怀表那样轻松地握在哈里森手中。

H-4之所以没有出现在油画上，是因为作画时它根本就不在哈里森手里。后来哈里森请人创作版画肖像时，正好赶上他逐渐获得"经度发现者"这个美名的时候，于是将H-4临时补改了上去。而这期间发生的事情将哈里森逼到了忍无可忍的地步。

1764年夏天，这块表参加了令人气恼的第二次试验，可是几个月过去了，经度局什么话也没说。经度局的委员们在等数学家拿H-4的计算结果跟天文学家在朴次茅斯和巴巴多斯岛的经度观察结果进行比较，因为要将所有这些因素都考虑在内才能作出评判。当他们拿出最终报告时，经度局的官员们承认他们"一致认为，上述计时器能以足够高的准确度进行计时"。他们除了这样说之外几乎别无选择，因为结果证明，这块表可以将经度确定到10英里的范围之内——比经度法案条款规定的精确度还高3倍！但是，这一巨大的成功只不过为哈里森赢得了一场小小的胜利。这块表和它的制作者还要进行大量的解释工作。

那个秋天，经度局提出可以给他一半的奖金，条件是哈里森要将所有的航海钟上缴给他们，并完全揭秘H-4内部神奇的钟表机构。如果哈里森想要获得20 000英镑的全额奖金，他还得监制出两台而不是一台H-4的复制品，以证明其设计和工作性能具有可重复性。

让事态发展更趋紧张的是，纳撒尼尔·布利斯打破了皇家天文学家长期担任这个职务的一贯传统。约翰·弗拉姆斯蒂德当了40年皇家天文学家，埃德蒙·哈雷和詹姆斯·布拉德利在这一岗位上都干了20多年，而布利斯任职才两年就去世了。果然不出哈里森所料，1765年1月宣布的新任皇家天文学家——因而也是经度局的当然委员——就是他的死对头内维尔·马斯基林。

32岁的马斯基林就任第五任皇家天文学家的那天是星期五。就在第二天（2月9日星期六）的早上，甚至还在举行亲吻英王手背的参拜仪式之前，马斯基林就作为经度局最新的委员，参加了经度局预定的会议。马斯基林倾听了委员们围绕向哈里森付款这件棘手的事情所展开的进一步辩论，并补充提议向莱昂哈德·欧拉和托拜厄斯·迈耶的遗孀颁发奖金。然后，马斯基林才转入自己的议事安排。

他大声地宣读了一份长长的旨在鼓吹"月距法"的备忘录。他带来的4位东印度公司船长都异口同声地附和着这种论调。他们说，他们根据马斯基林在《英国海员指南》上列出的步骤，多次使用过"月距法"，而且每次都只用了4个小时左右就算出了经度。他们同意马斯基林的主张：应该出版并广泛发行这些月星距改正表，这样，"该方法就可以更方便地为水手们所普遍采用了"。

这标志着确立"月距法"正统地位的活动开始掀起新的高潮。哈里森的精密时计也许是可以更快地给出结果，但它毕竟是个怪兮兮的东西，哪里比得上人人都能用上的天体！

1765年，国会通过了一道新的经度法案，使哈里森陷入了更深的困境之中。这道法案的正式名称是"乔治三世第五号法案"；它对1714年的原经度法案进行了说明，并补充了一些专为哈里森而设的特别条款。该法案甚至在一开头就对哈里森指名道姓，称他当前处在与经度局作对的状态。

哈里森的心情糟透了。他多次气愤地从正在召开的经度局会议当中冲出来。有人还听到他赌咒说，"如果他身体里还流着一滴英国血"，他就不会再满足他们强加在他身上的种种无耻要求。

经度局主席埃格蒙特伯爵[1]谴责了哈里森："先生……你是我碰到过的最古怪、最顽固的家伙。你就按我们要求的去做，好不好？这一点你完全办得到。只要你办到了，我保证会给你钱！"

最终，哈里森屈服了。他交出了自己的设计图纸，并提供了一份书面说明。他还承诺将所有秘密展示给由经度局选定的一个专家委员会。

那年夏天晚些时候，即 1765 年 8 月 14 日，由一队大人物组成的钟表匠审理委员会，来到了哈里森在红狮广场的家中。出席的人包括两位剑桥大学的数学教授，他们是被哈里森嘲讽为"神父"或"牧师"的约翰·米歇尔（John Michell）牧师和威廉·勒德拉姆（William Ludlam）牧师。参加人员中还有 3 位著名的制表匠：托马斯·马奇（Thomas Mudge），一个对制作航海钟也大有兴趣的人；威廉·马修斯（William Mathews）；以及拉克姆·肯德尔（Larcum Kendall），他原来在约翰·杰弗里斯那里当过学徒。第六名委员是广受尊敬的科学仪器制造商约翰·伯德（John Bird），他

---

1 这里指第二代埃格蒙特伯爵约翰·珀西瓦尔（John Perceval，1711—1770），英国脾气古怪的政治人物，小册子撰稿人，乔治三世的密友，于 1763 年 9 月任海军大臣。

曾为皇家天文台安装用于绘制星图的壁式象限仪和中星仪 [1]，还为许多科学考察队装备过独特的仪器设备。

内维尔·马斯基林也跟来了。

在接下来的 6 天中，哈里森一个零件一个零件地将这块表拆开来；在发誓不说假话的前提下，向他们解说了每个部件的功能，描述了如何将各项革新有机地结合在一起，以实现近乎完美的计时功能，并回答了他们提出的所有问题。当一切结束后，这些评判专家共同签署了一份文件，证明他们相信哈里森确实已经将自己所知道的一切告诉了他们。

最要命的是，经度局还坚持要求哈里森将这块表重新装配起来并上交。他们将它锁进箱子里，然后再扣押（真的是要交赎金才能借出的那种扣留）在海军部的一个仓库里。与此同时，他还得在没有原来那块表（H–4）作参考的情况下，开始复制两块同样的表；甚至连他的原始设计图和说明书都给夺走了——马斯基林已将它们送往印刷作坊，进行复制、雕版并出版成书，向公众出售。

这哪里是坐下来让人画像的时候！但是，偏偏在这个时候，金先生为哈里森先生画了那幅油画肖像。那年秋末，当他最终获

---

1 中星仪（transit instrument）是观测恒星过中天（过观测站子午圈）时刻的一种天体测量仪器，又称子午仪，结构与子午环相似，但没有精密度盘。利用中星仪可以精确地测定恒星过中天的时刻，以求得恒星钟的钟差，从而确定世界时、恒星赤经和基本天文点的经度。中星仪是 1684 年丹麦人罗默发明的。早期测定恒星中天时刻用的是"耳目法"和"电键法"，都不免带有不同程度的人差。近代中星仪应用光电技术，基本上消除了人差，但是，水准读数上仍然存在人差。中星仪由望远镜、目视接触测微器、寻星度盘、挂水准器、太尔各特水准器以及望远镜支座等部分组成。

得了经度局向他承诺过的 10 000 英镑后，也许他的表情已经又能恢复几分平静了。

1766 年新年伊始，哈里森再次收到了费迪南德·伯绍德的来信。伯绍德从巴黎赶来，满怀希望，想要实现他上次在 1763 年来访时没能得到满足的心愿：获悉 H-4 制作的详情。哈里森根本不想向伯绍德交底。他干吗要将自己的秘密泄露给一个无法打动他的人呢？英国国会都愿意以 10 000 英镑的价钱交换他的秘密，而现在伯绍德似乎只愿为此付很低的价钱。伯绍德代表法国政府出价 500 英镑，要求对 H-4 进行一次私人参观。哈里森拒绝了他。

但是，伯绍德在来伦敦之前，已经以同行的身份和托马斯·马奇通过信。现在既然来到这座城市，伯绍德自然要去舰队街拜访马奇的钟表店。显然，没有人告诉过马奇（以及其他任何一位当时在场的专家），哈里森展示给他们看的东西是应该保密的。在和来访的钟表学家一起进餐时，马奇在谈话中涉及 H-4 这个话题的地方越来越多。他曾将这个计时器握在手中，并获准探查过它最隐秘的详情。现在他就将这一切向伯绍德和盘托出，甚至还画了一些草图。

事后证明，伯绍德和其他欧洲大陆的钟表匠在制作他们自己的航海钟时，并没有窃取哈里森的设计。不过，哈里森确实有理由对这种随便泄露和宣扬他的机密的行径表示不敢恭维。

经度局温和地警告了马奇。经度局的委员们并没有为他的轻举妄动感到过于不安，而且他们除了哈里森这桩事，另外还有一摊子事儿要管。其中有一件尤其值得注意：马斯基林牧师先生请

134

求逐年出版一本航海星历，供有意使用"月距法"测定经度的海员们使用。通过提供大批预测数据，他减少了每个领航员需要进行的数学计算，从而大大缩短了得出一个位置所需要的时间——从4个小时降到了30分钟左右。这位皇家天文学家声称，他非常乐意担负起这项工作。他仅仅要求作为官方发行机构的经度局提供一些经费，以便给两位解决数学计算问题的人员发放工资，并支付印刷费用。

马斯基林在1766年出版了第一卷《航海年鉴和天文星历》（*Nautical Almanac and Astronomical Ephemeris*），此后他继续指导着它的出版工作，直到1811年去世为止。甚至在他逝世后的好几年里，海员们还能依靠他的工作继续进行导航，因为1811年出版的《航海年鉴和天文星历》中包含了直到1815年的预测数据。接下来，继承马斯基林衣钵的人又继续出版月星距改正表直至1907年，而《年鉴》本身到如今还在接着出。

《年鉴》代表着马斯基林为导航事业立下的不朽功勋。这也是特别适合他的一项工作，因为其中包含了大量费时费力的细节：像他那样每3个小时计算出月亮相对于太阳或10颗参考恒星的一个位置，就算使用缩写，并以极小的字体印刷，每个月也有整整12页。每个人都会同意，《年鉴》及与之配套的《必备的表格》（*Requisite Tables*）为海员们确定海上的位置提供了最稳妥的途径。

在哈里森的油画画像完成后的1766年4月，经度局又沉重地打击了他一次。这次打击很可能让他失去了风度。

为了消除"H-4的精度是否得之于机遇或运气"这种挥之不

去的疑虑，经度局决定对该计时器进行一次比前两次航行更严格的新型试验。为此，他们将这个计时器从海军部转移到了皇家天文台。在天文台里，皇家天文学家马斯基林利用职务之便，连续10个月天天对它进行测试。而那些大个的经度机器（3台航海钟）也将被运到格林尼治，在那里它们的走时将与天文台的大标准时钟进行比较。

哈里森心爱的H-4在海军部一座孤塔中受了几个月煎熬之后，又落进了死对头之手。想想哈里森听到这个消息后会作出怎样的反应！这场劫难发生之后没几天，有人来敲他的门。打开门才发现，这个不速之客正是马斯基林。他手持一纸"逮捕令"，专程前来"逮捕"另外几台航海钟。

"约翰·哈里森先生，"这道公文是这样开头的，"我们这些受国会确定海上经度法案委任的……委员，在此要求你将手头的那3台机器或计时器上缴给格林尼治的皇家天文学家马斯基林牧师——现在它们已经充公了。"

哈里森别无选择，只好将马斯基林领进他保存时钟的房间。这些钟表已亲密地陪伴了他30年。它们都在以各自独特的方式走时，就像一群聚会的老朋友在起劲地交谈。它们一点儿也不在乎时间已经让它们变得过时了。它们彼此聊个没完，浑然忘却了外面的世界，只愿在这个温馨的地方接受满怀爱意的关怀。

在和他的航海钟分别前，哈里森希望马斯基林能向他稍作让步——为他签署一份书面声明，证明在他从哈里森家里拿走这些计时器时，它们都是完好无损的。马斯基林起先还想争辩，但不久就让了步，承认一切迹象表明它们像是完全正常的，并签上了他的名字。双方的火气都上来了，因此，当马斯基林问哈里森要怎样运输这些计时器（应该按原样运走还是先拆开再运）的时候，哈里森面露愠色，并委婉地表示：如果他提出什么建议的话，一旦发生什么不幸的事，他们肯定会将过失都赖在他身上。最后，他还是提议可以将 H-3 按原样运走，而 H-1 和 H-2 需要稍微拆开一下再运。但是，眼睁睁地看着航海钟被夺走的耻辱让他没法忍受，于是他就上了楼，独自钻进了自己的房间。在那里，他听见重物撞击地面的响声。原来是马斯基林的工人将 H-1 抬上恭候在门外的马车时，失手将它摔到了地上。当然，这纯属意外。

在拉克姆·肯德尔的护送之下，H-4 坐船顺泰晤士河前往格林尼治接受试验。而 3 台大个的航海钟却乘着没有减震弹簧的马车，穿过伦敦的大街小巷，一路嘎吱响着颠簸到格林尼治。我们不必劳神去想象哈里森的反应。詹姆斯·塔西（James Tassie）在 1770 年左右为哈里森制作了带浮雕侧面像的珐琅大奖牌，上面刻画着这个上了年纪的钟表匠，他那两片薄薄的嘴唇断然地向下撇着。

第十三章　詹姆斯·库克船长的第二次航行

当英国最伟大最无畏的航行家临终时，
听到他最后呻吟的是一双野蛮人的耳朵。
他的骸骨被抛撒在一座热带荒岛上，
远离他记忆中珍藏的那方故土。
那禁锢他行动的命运真不公平啊——
无论在热带、寒带还是温带，
他都曾以无与伦比的热情和永不动摇的信念，
探访过那里的每条海岸和每片海洋。

——乔治·B.艾里（第六任皇家天文学家）《多尔口斯》

德国泡菜。

那是詹姆斯·库克船长在 1772 年启程进行第二次成功航行时使用的暗语。这位伟大的环球航海家在他的英国船员们的饮食中加入了大量的德国泡菜（他们当中有些人还愚蠢地对它嗤之以鼻），他用这种办法成功地将坏血病却之船外。德国泡菜的主要成分是富含维生素 C 的卷心菜，而且还要将这些切得很细的卷心菜腌起来，使之发酵变酸，成为名副其实的泡菜。实实在在就腌在盐水中的德国泡菜可以在船上长期保存——至少在环球航行期间不会变质。库克将德国泡菜当作他航海时的蔬菜。直到这种菜在英国皇家海军的伙食供应中先后被柠檬汁和酸橙代替之前，它一直都在拯救着水手的生命。

库克的手下在营养上没出问题，因此全都可以投入科学试验和探险工作。他还为经度局进行了一些现场测试，对"月距法"（作为老练的航海者，库克已充分地掌握了这种方法）和根据约翰·哈里森的神奇计时器仿制出的几台新航海钟作了比较。

库克在"决心"号（Resolution）的航海日志中写道："我一定要在此记下这一点——只要我们还有这样一块好钟表作为导航工具，我们（在经度上）的误差就不会大到哪儿去。"

哈里森希望库克带上 H-4 原品，而不是一个复制品或仿制品。他本来很想就他的奖金赌上一把，由他的表在库克指挥的船上所表现出来的性能，来决定他是赢得还是失去另外的 10 000 英镑。但是，经度局说：在对 H-4 能否获得余下部分的经度奖金作出决定之前，它必须待在英国本土。

值得一提的是，H-4 曾成功地完成了两次海上试验，赢得了 3 位船长的赞誉，甚至还从经度局争取到了一纸关于其精确度的证明，却没通过 1766 年 5 月至 1767 年 3 月之间在皇家天文台所进行的为期 10 个月的试验。它的运转速率变得极不稳定，有时一天就能快上 20 多秒。也许是因为在展示过程中拆卸 H-4 时损坏了什么东西，才导致了这一不幸的结果。也有人说，内维尔·马斯基林的恶毒用心对这块表施了魔法，要不就是他每天给表上发条时动作过于粗鲁。还有人认为，是他在故意歪曲试验结果。

马斯基林在收集他想用于诋毁的统计数据时，采用了颇为古怪的逻辑。他假装这个计时器在进行 6 次前往西印度群岛的航行，每次 6 星期——这令人回想起当时还在生效的 1714 年版经度法案的原始条款。马斯基林并没有因为这块表看起来受过某种损伤，而对它降低要求。这种损伤表现在，它如今很容易对温度的变化产生过度的反应，而以前平稳而精确地适应环境正是它的一大特色。马斯基林可不管这么多，他照样将 H-4 拴在天文台一个靠窗的座位上，并对每次"航行"的性能进行统计。然后，他将这块表走快的时间转换成经度度数，再以海里为单位进一步转换成在赤道处的距离。比如，在第一次模拟航行中，H-4 走快了 13 分 20 秒，或 3° 20′ 的经度，因此偏离目标 200 海里。在接下来的几次航行中，它的表现稍微好了一点。第五次试验的结果最好，它走快了 5 分 40 秒，或 1° 25′ 的经度，因而距离期望的登陆点只有 85 海里。因此，马斯基林不得不得出结论："在前往西印度群岛的 6 周航行中，凭借哈里森先生的表，没法让经度保持在 1° 的误差范围内。"

但是，此前的记录证明，在两次前往西印度群岛的实际航行中，哈里森先生的表已经将经度确定到了半度或更小的误差范围里。

而马斯基林说的是不能指望这块表在一次长达 6 周的航行中测定船的位置，"也不能指望它连续数日将经度确定在半度的范围里；如果天气极度寒冷，保持精度的时间可能还要更短些；不过，它仍不失为一款实用和有价值的发明，如果和观测月球与太阳以及恒星之间的距离联合使用，在进行导航时可能还具有相当大的优势"。

马斯基林用这种轻描淡写的赞扬，很有技巧地承认了"月距法"的几个重大缺陷。具体来说，每个月大约有6天时间，身在地球上的人们会因为月亮太靠近太阳而看不见它，于是不管什么与月亮的距离都没法测量。在这些时候，H-4确实会"在进行导航时具有相当大的优势"。每个月还有13天时间，月亮虽然会照亮夜空，但它位于太阳的另一侧。此时，使用计时器会更方便些——在这两个星期里，没法测量这两大天体之间的巨大距离，领航员们要画出月亮相对于恒星之间的位置才行。人们进行夜间观察的时间是用普通钟表来确定的，但由于时间不太准确，所有的努力也许都会白费。如果船上有一块诸如H-4之类的钟表，就可以精确地确定使用"月距法"的时间，从而提高这种方法的可靠性。因此，在他看来，计时器也许可以弥补"月距法"的不足，但永远没法取代它。

总之，马斯基林轻率地认定那块表不如恒星稳定。

哈里森自费出版了一本定价为6便士的小册子，以宣泄他内心的不满。无疑有枪手帮忙，因为那些谩骂之辞都是用清晰平实的英语写成的。其中一条攻击针对的，就是原本应该监督马斯基林每天对那块表进行操作的那些人。他们住在附近的皇家格林尼治疗养院里——一个为那些不再适合执行海上任务的水手们提供疗养的机构。哈里森指控道，这些退役的水手都太老了，动不动就气喘吁吁，根本爬不上前往天文台途中的那段陡峭山坡。他说，就算他们有强健的肺和灵便的手脚，可以爬上山顶，他们也不敢对皇家天文学家的任何举动有什么微词，只会乖乖地在登记簿上签上自己的名字，表示完全支持马斯基林写下的一切。

此外，哈里森还抱怨，H-4处于阳光的直射之下。虽然他们将这块表放在一个玻璃柜里，很安全，但它像身处温室一般，不得不忍受酷热。与此同时，测量计时器环境温度的温度计却放在房子另一头的阴暗角落里。

马斯基林一点也没有感到愧疚，自然更不会想着要对哪一条指控作出回应。他再也没有搭理过哈里森父子，他们也没有再跟他说过话。

在H-4饱受马斯基林的蹂躏之后，哈里森希望能跟它团圆。他询问经度局是否可以将它赐还。经度局拒绝了。74岁的哈里森不得不凭借过去的经验和H-4留给他的印象，继续制造两块新表。为了向他提供进一步的指导，经度局给了哈里森两本包含他本人的插图和说明文字的书——《哈里森先生的计时器的原理与插图》，该书新近由马斯基林出版了。毕竟，出版这本书的本意就是要让所有人都能重新制造出H-4。（而实际上，正因为是哈里森亲笔所写，这些说明文字特别晦涩难懂。）

为了证实H-4确实可复制，经度局还雇请钟表匠拉克姆·肯德尔设法进行了一次精确的复制。这方面的工作表明经度局在根据自己的解释极力追求法律"精神"，因为原来的经度法案并没有规定"切实可用的"方法必须可以由发明者或其他任何人进行复制。

哈里森认识肯德尔并对他充满敬意。肯德尔曾经在约翰·杰弗里斯那里当过学徒。在制作杰弗里斯怀表乃至 H-4 时，他也许都帮过忙。他也曾作为专家之一出现在长达 6 天、巨细无遗的 H-4 "发现"现场。总之，他是制作复制品的最佳人选。连哈里森都这样认为。

肯德尔花了两年半的时间才完成复制工作。经度局在 1770 年 1 月收到肯德尔的复制品 K-1 之后，就重新召集曾经详细审查过 H-4 的委员们开会，因为这些人最有资格评判它们在多大程度上彼此相似。于是，约翰·米歇尔、威廉·勒德拉姆、托马斯·马奇、威廉·马修斯以及约翰·伯德等人重新聚集到一起，对 K-1 进行测试。这一次肯德尔本人没有参加委员会，如此才显得公正合度。很自然，肯德尔空出来的席位是由威廉·哈里森填补的。与会者一致认为，除了在肯德尔签名的背板上雕刻有更繁复的花饰之外，K-1 和 H-4 完全是一模一样的。

威廉·哈里森毫不吝啬地夸奖了 K-1。他告诉经度局：肯德尔的手艺在某些方面比他父亲还要高超。当经度局选择让库克船长带上 K-1 而不是 H-4 去进行太平洋航行时，他一定希望能够收回自己说过的那些话吧。

其实，经度局的决定跟哪块表更优越毫无关系，因为他们将 H-4 和 K-1 看作完全相同的东西。只是经度局选择了将 H-4 搁置起来而已。因此，库克在进行环球航行时，带的就是复制品 K-1 和一位名叫约翰·阿诺德（John Arnold）的钟表制造业后起之秀所提供的 3 个较便宜的仿制品。

　　与此同时，尽管遭受了不公平待遇、年事已高、眼力衰退以及阵发性痛风等重重不利因素的困扰，哈里森还是在 1770 年完成了经度局命令他制造的两块表中的第一块。这个计时器现在被称为 H–5，其内部机构的复杂程度一点也不亚于 H–4，但外表要冷峻得多。表盘上也没有虚饰。表正面的中心处有一颗铜制小星，看上去像一朵有 8 片花瓣的小花，似乎是起装饰作用的。实际上，它是一枚穿透表盘玻璃盖的滚花旋钮；转动这个旋钮，就可以在不打开玻璃表盖的情况下调节表针，因而有助于防止灰尘进入运动部件。

　　哈里森也许想用这枚星花状的旋钮，在潜意识里传递一个信息。因为它让人联想起罗经花（Compass Rose）的位置和形状，人们不禁会由此想到水手们多年以来赖以寻找航向的另一个更古老的仪器——磁罗盘。

　　H–4 的背板上有华丽卷曲的虚饰，与之相比，H–5 的这个部位显得单调平淡。确实，H–5 是由一个更伤心也更睿智的老人制作出来的作品，他被迫干着自己曾经那么心甘情愿甚至是满心欢喜地干过的活。尽管如此，简朴的 H–5 仍不失为一件漂亮的作品。如今，它占据着伦敦同业公会会所钟表匠博物馆的中央舞台——实实在在地处于房间的正中央。它现在还装在原配的木制表盒里，下面衬着磨损了的红缎垫子。

　　哈里森花了 3 年时间才制成这块表，而对它进行测试和调整又花了两年。等到对它感到满意时，他已经 79 岁了。他无法想象怎么还能去启动另一项规模同样浩大的工程。即使他可以完成这项工作，官方的测试可能也会要延伸到下一个 10 年，而他肯定是活不了那么久了。这种被逼得山穷水尽而又无望讨回公道的感觉，促使他鼓足勇气，将自己遇到的麻烦告诉了国王。

英国国王乔治三世陛下对科学有浓厚的兴趣，而且关注过 H–4 的试验。他甚至在 H–4 结束首次航行从牙买加归来时，还接见过约翰·哈里森和威廉·哈里森。再后来，国王乔治还在里士满（Richmond）公园设立了一座御用天文台，并且刚好赶上了观看 1769 年的金星凌日现象。

1772 年 1 月，威廉给国王写了一封辛酸的信，讲述了他父亲跟经度局和皇家天文台打交道的艰难历程。威廉礼貌地 —— 几乎用了恳求的口吻 —— 询问这块新表（H–5）是否可以"在里士满公园的天文台存放一段时间，以确定并展示它的优越程度"。

于是，国王终于在温莎城堡[1]接见了威廉。威廉的儿子约翰在很久以后的 1835 年，对这次关键性会谈进行描述时写到，国王低声地嘀咕："这些人受虐待了呀。"他大声地承诺威廉："哈里森，以上帝的名义，我会为你们讨回公道的。"

乔治三世果然言而有信。他将 H–5 交给了他的御前科学教师兼天文台台长德曼布雷（S. C. T. Demainbray），由后者负责对它进行历时 6 周的室内试验 —— 这令人联想起马斯基林的做法。跟原来的海上和陆地试验一样，装 H–5 的盒子上了锁，而且 3 把钥匙分配给了 3 名负责人：德曼布雷博士一把，威廉一把，国王乔治

一把。这 3 个人每天中午在天文台碰头，将这块表和标准时钟进行对照，并为它上发条。

虽然受到了这种礼遇，但这块表在开始时却表现极差。它快慢无度，让哈里森父子尴尬得差点崩溃。不久，国王记起来，他在靠近这块表的壁橱里存放着几块天然磁石，于是赶紧亲手将它们拿走。在摆脱了这些磁石对其部件的奇异引力之后，H-5 不负众望，重新发挥出了它的正常水平。

国王考虑到哈里森的敌人可能会反对，就延长了试验时间。在 1772 年 5 月至 7 月，连续 10 周进行了每日观测之后，他可以很自豪地为这台新计时器辩护了，因为事实证明 H-5 的精度范围每日都保持在 1/3 秒以内。

乔治三世将哈里森父子纳入自己的庇护之下，并帮助他们绕过了冷酷无情的经度局：直接向首相诺斯伯爵（Lord North）和国会求助，以获得威廉所说的"纯粹的公道"。

在政府向经度局施加压力，要求披露实情后，经度局委员们在 1773 年 4 月 24 日召开了会议，并在两位国会议员的监督之下，再次追踪了哈里森事件那曲折离奇的全过程。接着，国会在 3 天后就哈里森事件的详细情况进行了公开辩论。在国王的授意下，哈里森放弃了使用法律武器进行力争，只是简单地诉诸大臣们的良心：他已经是个老人了；他为这方面的工作已经奉献了毕生的精力；尽管他成功了，却只获得了一半的奖金，还有追加的——同时也是无法完成的——新要求。

这种办法奏效了。虽然要通过正常的渠道才能作出最终决定——走流程又花了几周时间，但是最后在 6 月底，哈里森领到了 8750 英镑。这笔钱大体相当于经度奖金中拖欠他的余款，但那不是令人垂涎的奖金。相反，这笔钱是国会出于善意奖励给他的——尽管经度局对此不以为然，但毕竟用的不是它的钱。

不久，国会出台了另一道法案，规定往后要赢得经度奖金的条件。1774 年出台的这道新法案废止了以前所有关于经度的立法。它对试验新计时器规定了到目前为止最严格的条件：所有的参赛作品都必须提交双份，接下来的试验包括在格林尼治进行一整年的测试，然后是两次环绕大不列颠的航行（一次朝东，另一次朝西），再就是前往由经度局任意指定的一些地点的航行，最后是在皇家天文台再进行可长达 12 个月的航行后观察。据说马斯基林得知这个消息后开怀大笑，说这个法案"扔给那些工匠们一块会咬断牙齿的硬骨头"。

结果证明，马斯基林的这句话很有先见之明——此后再没有人领过这笔奖金。

但是，当库克于 1775 年 2 月第二次远航归来，并盛赞用计时器测定经度的方法时，哈里森感觉自己的冤屈得到了进一步的洗刷。

库克船长报告说："肯德尔先生制作的表（造价 450 英镑）在性能上超过了它最热烈的拥戴者的期望；偶尔用月亮观测结果校正一下，它就成了我们在各种气候变化条件下进行航行的忠实向导。"

英国皇家海军"决心"号的航海日志显示，库克多次提到这个计时器，并称它为"我们可信赖的钟表朋友"和"我们从不失灵的钟表向导"。在它的帮助下，库克制作了南太平洋诸岛的第一张高精度海图。

库克在航海日志中还记录道："如果我不承认这个实用而有价值的计时器给了我们非常大的帮助，那对哈里森先生和肯德尔先生是有失公允的。"

库克非常钟爱 K-1，因此他在 1776 年 7 月 12 日进行第三次远征时也带着它。这次航行没有前两次那么幸运。尽管这位著名的探险家有着高超的外交能力，尽管他努力尊重所到之处的土著，库克船长还是在夏威夷群岛遇到了很大的麻烦。

当夏威夷土著首次碰到库克——他们见到的第一个白人时，他们将他当成神灵罗诺（Lono）的化身予以欢迎。但是几个月后，当他绕过阿拉斯加，重返他们的岛上时，升级的紧张局势迫使库克赶紧启航离去。不幸的是，几天后，"决心"号的前桅受损，他们不得不重返凯阿拉凯库亚湾（Kealakekua Bay）。在随后的敌对行动中，库克被杀害了。

根据当时保存下来的记录，几乎就在 1779 年库克船长死去的那一刻，K-1 也停止了嘀嗒嘀嗒的走时。

第十四章　天才作品的量产之路

现在不需要星星了，熄灭它们。

包扎起月亮再把太阳也拆下。

　　　　　　　　——W. H. 奥登　《歌》[1]

　　约翰·哈里森逝世于 1776 年 3 月 24 日，距离他 1693 年出生的那一天刚好 83 年。他去世后，在钟表匠心目中享有烈士般崇高的地位。

　　几十年以来，他孤军奋战，几乎是独自一人在认真寻求着用计时器解决经度问题的方案。然而突然之间，紧随在哈里森的 H-4 取得成功后，大批钟表匠都开始从事制造航海钟这个特殊行当。在海洋大国，它成了一个蓬勃发展的朝阳产业。事实上，一些现代钟表史学家认为，哈里森的工作帮助英国征服了海洋，因而成就了大英帝国的霸业——因为正是借助于精密时计，大不列颠才得以降服汹涌的波涛。

　　在巴黎，伟大的钟表匠皮埃尔·勒罗伊和费迪南德·伯绍德已将他们的精密航海计时器（montres marines）和航海大时钟

---

1 我原来的译文为："现在不需要星星了，让它们统统熄灭吧。将月亮包扎起来，再把太阳也拆下。"书友翁德良先生认为"奥登的诗句是有力的，说话斩钉截铁"，所以帮我进行了修改。特此感谢！

（horloges marines）改进得近乎完美，但这两个死对头谁也没能设计出一种可以既快速又便宜地进行复制的计时器。

正如经度局不厌其烦地一再提醒的那样，哈里森的钟表实在太复杂了，不好复制，而且还贵得惊人。拉克姆·肯德尔复制它的时候，经度局委员们付给他 500 英镑，作为两年多努力工作的报酬。当经度局请他培训其他钟表匠制作更多的复制品时，肯德尔退缩了，因为他认为这东西太昂贵了。

肯德尔告诉经度局："我认为，如果哈里森先生这种表真的能降到 200 英镑一块，那也是多年以后的事了。"

同时，一个水手花 20 英镑左右——相对于那笔款子而言是个很小的数目——就可以买到一个很好的六分仪和一套月星距改正表。这两种方法所应用工具的价格太悬殊，而航海钟除了容易使用和具有更高的精度之外，又不能提供更多的功能。必须让更多的人能够买得起它才行。

肯德尔试图模仿原来那块制造出一块便宜的表，以颠覆哈里森的权威地位。在根据 H-4 照葫芦画瓢地完成了 K-1 之后，肯德尔又投入了两年时间，在 1772 年造出了 K-2。为此，经度局又付给他 200 英镑。尽管 K-2 在大小上跟 K-1 和 H-4 差不多，但在内部构造上却要差一截，因为肯德尔省去了上弦机构（Remontoire）——该机构将主发条的动力逐渐释放出来，保证不管发条是刚上紧还是快松弛了，施加在计时部件上的力度都能保持恒定不变。所有对于 H-4 的上弦机构有足够了解并知道其优点的人，都对它赞不绝口。事实证明，少了这个机构的 K-2 在格林尼治进行测试时表现平平。

但是，K-2的航海生涯却包括了航海史上最著名的几次航行。这个计时器跟随北极考察队探过险，在北美待过几年，乘船到过非洲，并登上过威廉·布莱指挥的英国皇家海军"巴恩提"号。布莱船长的坏脾气为许多传说提供了素材，但是他的故事中有一段却鲜为人知，那就是当"巴恩提"号发生兵变时，水手们带着K-2逃走了。他们将这块表留在皮特凯恩岛（Pitcairn Island）上，直到1808年，才由一艘美国捕鲸船的船长将它买走，于是K-2又展开了一段新的冒险历程。

1774年，肯德尔制作了第三款更便宜的计时器（这一次省去了钻石），并以100英镑的价钱将它卖给了经度局。K-3的性能并不比K-2好，但它还是成功地搭乘英国皇家海军"发现"号，参加了库克的第三次航行。（顺便提一下，布莱在这次航行时担任了库克船长手下的航海官。虽然库克在夏威夷惨遭杀害，布莱却活了下来，后来还当上了澳大利亚新南威尔士的总督；也就是在这个地方，他在"朗姆酒叛乱"[1]期间，遭到叛军囚禁。）

肯德尔本人的创新没有一项可以和他复制K-1时的大手笔相媲美。看到其他一些创造力远胜于他的人赶超了上来，他很快就打消了试验自己新思想的念头。

舰队街的钟表匠托马斯·马奇就是这些人中的一个。马奇年

---

1 朗姆酒叛乱（The Rum Rebellion），澳大利亚历史上新南威尔士军团军官发动的叛乱。1808年1月26日，他们冲进总督府，逮捕禁止贩卖朗姆酒的总督布莱，接管了总督的权力。直到1809年12月麦夸里总督赴任，1810年军团调回英格兰，才算罢休。

轻时在"正人君子"乔治·格雷厄姆那儿当过学徒。跟肯德尔一样，马奇也在哈里森的家里参加了对 H-4 的拆解和讨论。后来他在跟费迪南德·伯绍德共进晚餐时，不小心泄露了一些详细情况，尽管他发誓不是有意要犯错误。马奇赢得了手艺精良和童叟无欺的好名声。他在 1774 年制造了自己的第一台航海钟，其中不仅包含了哈里森的多种思想，还对它们进行了改良。马奇制作的精密时计从里到外都让人羡慕，尤其值得夸耀的是一个特殊形式的上弦机构和一个八面镀金的表壳，顶上是整面的银丝细工。后来在 1777 年，他又造了分别叫作"阿绿"和"阿蓝"的两块表——它们彼此配成一对，唯一的差别只是表壳的颜色——诚心想竞得余下的 10 000 英镑奖金。

在格林尼治对马奇的第一款计时器进行测试时，皇家天文学家内维尔·马斯基林因为误操作无意中让它停止了走时，而在接下来的一个月里，他又不慎弄断了这台仪器的主发条。大为恼火的马奇取代哈里森成了马斯基林的新对头。这两个人一直进行着激烈的交锋，直到 18 世纪 90 年代早期马奇病倒为止。然后，马奇的律师儿子小托马斯继续进行这场争斗，他还不时地采用小册子的形式发起攻击。最后，小托马斯从经度局赢回了 3000 英镑，作为对他父亲所做贡献的表彰。

肯德尔和马奇在有生之年各制作了 3 台航海钟，哈里森制作了 5 台，而钟表匠约翰·阿诺德则完成了几百台高质量的航海钟。他数量巨大的产出可能比我们所知道的还要多，因为阿诺德是个精明的生意人，他经常在表上刻上"第一号"的字样，虽然这块表绝不是某个特定产品线上同类产品中最早的一块。阿诺德制造速度快的秘密在于，他将大量常规的工作承包给不同的工匠，自己只承担困难的部分，特别是精密的调试部分。

随着阿诺德这颗新星的升起，"精密时计"这个词作为航海钟的首选名字也得到了广泛应用。杰里米·撒克早在 1714 年就创造出了这个术语，但直到 1779 年，当它出现在东印度公司职员亚历山大·达尔林普尔[1]写的小册子《对在海上使用精密时计者的几条有用提示》的标题中之后，这个词才流行起来。

"这里将那些用来在海上测量时间的机器命名为精密时计，"达尔林普尔解释道，"［因为］如此有价值的一台机器理应以其名字而不是以其定义为人所知。"

阿诺德向经度局提供了自己的前 3 个盒装精密时计。它们和 K-1 一起参加了库克船长的航行。阿诺德的 3 块表都参加了 1772—1775 年前往南极洲和南太平洋的航行。"气候的变幻"（库克这样形容全球天气的变化范围）致使阿诺德的时钟运行情况不佳。库克宣称它们在他的两条船上的表现都没给他留下什么印象。

因此，经度局切断了对阿诺德的经费支持。但是，这件事不仅没有令这个年轻的钟表匠灰心丧气，反而激起了他探索新思想的斗志。他产生的那些新思想全都取得了专利，并不断得到改进。1779 年，他因造出被称作"第 36 号"的怀表式精密时计而轰动

---

1 亚历山大·达尔林普尔（Alexander Dalrymple，1737—1808），英国地理学家，英国海军部的第一个水文专家。在职时成立了海军部水文处，收集并出版了许多有价值的海图。

一时。它真的小到可以装进衣袋中，而马斯基林和他的代理人就让它在他们的衣袋里放了 13 个月，以测试其精确度。在任何相邻的两天中，它的走时从未快过或慢过 3 秒以上。

同时，阿诺德继续锤炼着他在大规模生产方面的技能。1785 年，他在伦敦南部的韦尔霍尔（Well Hall）开设了一家工厂。他的竞争对手，小托马斯·马奇也试着开办了一家工厂，仿照他父亲的精密时计生产出了 30 来个样品。但是，小托马斯是律师，不是钟表匠。小马奇造出的计时器，在精度方面无一赶得上老马奇原来那 3 台。可是，马奇的精密时计在造价上却比阿诺德的高一倍。

阿诺德做起事来有条不紊。他 20 岁出头时就已声名大振，因为他造出了一块匪夷所思的迷你型手表，其直径仅半英寸。他还于 1764 年将它安在一枚戒指上，作为礼物献给了国王乔治三世。阿诺德在结婚前，就已决定要将制造航海钟当作自己毕生的事业。他选择的妻子不仅富有，而且在拓展生意和改善家庭生活方面都很有一套。他们一道倾其所有，用心培养独子约翰·罗杰·阿诺德（John Roger Arnold）。约翰也有意壮大他们的家业。他在巴黎跟随父亲亲自选定的最佳师傅学习钟表制作技艺。当他在 1784 年成为一个正式的合伙人之后，公司名字就改成了阿诺德父子公司。但是作为钟表匠，老阿诺德一直比他儿子技高一筹。他的头脑中有无数的好点子，而且看来这些点子都在他的精密时计中一一试验过了。他最好的且有市场竞争力的新产品，大多得益于对哈里森以灵巧而复杂的方式首创的东西所进行的巧妙简化。

阿诺德最大的竞争对手是托马斯·厄恩肖[1]——此人引领世界进入了真正的现代化精密时计时代。厄恩肖对哈里森式的复杂性做了精简，又对阿诺德式的多样性做了剪裁，可以说是提炼出了精密时计的理想精髓。同样重要的是，他设计出了一种不需上油的计时部件，从而简化了哈里森最重大的一个思想，使之得以用较小的尺寸实现。

厄恩肖不如阿诺德那么有计谋和商业头脑。他娶了一个贫穷的女人，生了一大堆孩子，而且财务管理也很差，甚至曾被债主投进监狱。但是，正是这个厄恩肖，他将精密时计从一种需要特别定制的稀罕物，变成了一种可以用流水线生产的东西。厄恩肖自己在经济上的需求也许促使他朝着这方面努力：他坚持采用单一的基本设计（与之不同，阿诺德为了个人利益，太爱花样百出了一点），可以在大约两个月内拿出一台厄恩肖式精密时计，再用它换来现金。

阿诺德和厄恩肖除了是商业上的竞争对手外，还在一场原创权争夺战中成了不共戴天的仇敌：他们都声称是自己首创了一个名叫锁簧式天文钟擒纵器（spring detent escapement）的精密时计关键部件。在所有手表和时钟中，擒纵器都处于核心地位；它根据时钟调节器设定的节奏，交替地锁住和释放运动部件。追求完美计时的精密时计，就是根据它们擒纵器的不同设计来进行区分的。哈里森在大的航海钟里使用了他的"蚱蜢"擒纵器，他在随

---

1 托马斯·厄恩肖（Thomas Earnshaw, 1749—1829），英国制表家，最早使制表工艺变得简单、经济，以适应大众需要。

后的 H-4 中使用的擒纵器，则是根据老式机轴擒纵机构（verge escapement）经巧妙修改而成的。马奇因为发明了杠杆式擒纵器而赢得了永久性的赞誉；几乎所有 20 世纪中叶以前制造的机械手表和怀表，包括著名的英格索尔金币表（Ingersoll dollar watch）、最初的米老鼠手表和早期的天美表（Timex），都采用了这种擒纵器。阿诺德在 1782 年听说了厄恩肖的锁簧式天文钟擒纵器，而在此之前，他似乎对自己的枢轴式天文钟擒纵器（pivoted detent escapement）完全满意。阿诺德在得知这种擒纵器的那一刻灵机一动，马上意识到：如果用锁簧取代擒纵器中的枢轴，就不必再为那些机件上油了。

阿诺德没法看到厄恩肖的擒纵器，但是他设计出了自己的版本，然后就带着几张自己的草图赶到了专利局。厄恩肖没有钱为他的发明申请专利，但是他可以证明自己才是原创者——他可以用他为别人制作的手表来证明，也可以用他和地位稳固的钟表匠托马斯·赖特（Thomas Wright）达成的共享专利权协议来证明。

阿诺德与厄恩肖之间这场喧闹的争吵，导致伦敦的钟表制造业界都分裂成了两大阵营，更别提皇家学会和经度局了。争斗双方及其方方面面的支持者们，都火药味十足地大打笔墨官司。有充分的证据表明，阿诺德在申请专利前曾经查看过厄恩肖的手表的内部结构；但是谁又能说这种机构不是他自己想出来的呢？阿诺德与厄恩肖一直没能达成让双方都满意的共识。事实上，直到今天，历史学家们还在为此争论不休——他们还在不断地挖掘出新证据，并在这笔陈年糊涂账中站到某一边去。

在马斯基林的怂恿下，经度局于 1803 年宣布厄恩肖精密时计性能优异，赛过了以往在皇家天文台试验过的任何一款钟表。马斯基林终于遇到了一个对他胃口的钟表匠，虽然没人明白他为什么会看上厄恩肖。不管是出于何种考虑，反正这个皇家天文学家看到厄恩肖手艺精良，就建议、鼓励并提供机会，让他修理天文台的钟表——这种赞助形式持续了十多年。但是，自认"性格暴躁"的厄恩肖却让马斯基林的日子颇不好过。马斯基林对此一定早有心理准备：跟"工匠"打交道就是会这样的。比如，厄恩肖抨击了马斯基林用长达一年的试验来测试精密时计的做法，并成功地将试验期缩短到了 6 个月。

1805 年，经度局向托马斯·厄恩肖和约翰·罗杰·阿诺德（老阿诺德已于 1799 年去世）每人颁发了 3000 英镑的奖金——和此前奖给迈耶以及马奇的继承人的金额相同。厄恩肖对此大声抗议，并公开表示了他的不满，因为他觉得自己应该得到更大份额的奖励。幸运的是，厄恩肖因为商业上的成功，在那时已过上了富足的生活。

东印度公司和皇家海军的船长们成群结队地涌向精密时计生产厂，抢购精密时计。18 世纪 80 年代，在阿诺德与厄恩肖的尴尬事闹得最凶的时候，阿诺德的盒式精密时计都降到了 80 英镑左右一个，而厄恩肖的则降到了 65 英镑一个。怀表式的精密时计还可以以更低的价格买到。尽管海军军官们要自掏腰包购买精密时计，但多数人都很乐意花这笔钱。18 世纪 80 年代的航海日志证实了这一点，因为它们开始每天都提及计时器的经度读数。1791

年，东印度公司向它的商船船长发放了新的航海日志簿，其中就有一些预先印制好的页面，上面包含了"精密时计测出的经度"这一特别栏目。许多海军舰长在天空条件允许的情况下，会继续依靠"月距法"，但是精密时计的可信度在日益提高。对比测试表明，精密时计的精度比"月距法"要高一个数量级，原因主要在于精密时计使用起来更简便。使用麻烦的"月距法"不仅要进行一系列的天文观测，要查星历表，还要进行校正计算，因此在多个环节上都为引入误差大开了方便之门。

在世纪之交，海军采购了一批精密时计，存放在位于朴次茅斯的海军学院。如果哪个船长打算从该港口出海，他便可以去领取一个带上。但是，因为供应量较小而需求甚大，军官们经常发现海军学院存放精密时计的橱柜空空如也，于是他们索性继续自行购置了。

阿诺德、厄恩肖和越来越多的同时代人，向国内外销售精密时计，供军舰、商船乃至游艇使用。因此，全世界航海钟的数量从 1737 年的仅有一台，增长到了 1815 年的将近 5000 台。

随着风行一时的经度法案被废止，经度局也在 1828 年解散了。具有讽刺意味的是，在解散时，经度局的主要任务已转变为专门对测试精密时计和将它们分配给皇家海军的工作进行监督。1829 年，海军自己的海道测量师（首席海图绘制师）接管了这项工作。这项工作很繁重，因为它的职责包括监管对新表走速的设定、对旧表进行维修，以及在工厂和海港之间小心翼翼地往返运送精密时计。

  一艘船往往要用上两三个精密时计，这样它们可以交叉核对。大型测量船携带的精密时计甚至可能多达40个。据记载，英国皇家海军"小猎犬"号[1]在1831年启航时，携带了22个精密时计，用于完成海外大陆的经度测定工作。这些精密时计有一半是由海军部提供的，有6个归罗伯特·菲茨罗伊（Robert Fitzroy）船长个人所有，另外5个则是他租来的。正是依靠"小猎犬"号的这次远洋航行，在编的博物学家——年轻的查尔斯·达尔文才来到了加拉帕戈斯群岛[2]，并对那里的野生动植物进行了研究。

  1860年，英国皇家海军在七大洋上的军舰统统加起来也不到200艘，却拥有将近800台精密时计。很显然，一种新观念的时代来临了。约翰·哈里森方法那无与伦比的实用性已经得到了充分证明，而曾经让人透不过气来的强大竞争就这样烟消云散了。因为精密时计已经在航船上确立了牢固的地位，像其他必不可少的东西一样，人们很快就将它的存在视为理所当然，连每天使用精密时计的水手们都忘掉了它背后那段充满明争暗斗的历史，也忘掉了它的原创者姓甚名谁。

---

1 "小猎犬"号（Beagle），英国海军的一艘方帆双桅船，排水量240吨。1831—1836年在太平洋等地区作勘探考察时，查尔斯·达尔文曾以博物学家的身份参加，在航海中进行了观察，并以此创立进化论。
2 加拉帕戈斯群岛（Galápagos Islands），又名科隆群岛，属厄瓜多尔，位于太平洋东部，跨赤道两侧。1835年查尔斯·达尔文曾到岛上考察，对论证自然选择学说起到了很大作用。

第十五章　在子午线院内

"墨卡托[1]的北极、赤道、热带、时区和子午线哟，
都有什么用啊？"敲钟人这样高声喊。
船员们齐声应道：它们都只是些约定的记号呢。

　　　　　　　——刘易斯·卡罗尔　《猎鲨记》

　　此刻，我就站在这个世界的本初子午线上。这是零度经线所在地，是时空的中心，也是名副其实的东西方交会点。它刚好一直通入位于格林尼治的老皇家天文台的院子里。夜晚，埋在地下的灯光透过罩在子午线上的玻璃，像一条闪亮的人造中洋裂口[2]，以不亚于赤道的权威，将地球切分成相等的两半。天黑后，为了更增几分气势，一道绿色激光直射夜空，这样一来，连 10 英里之外位于山谷对面的艾塞克斯也能看到这条子午线了。

　　像漫画书中势不可挡的超级英雄一样，这条经线贯穿了附近的建筑物。它前一截是"子午楼"（Meridian House）木地板上的一根铜条，然后再变成一行红色光点——令人联想起飞机紧急出口处的灯光指示系统。在楼外，鹅卵石和水泥板铺成的长道，伴着本初子午线一路穿行；用铜制字母和刻度线，标出了世界各大

1 墨卡托（Gerhardus Mercator, 1512—1594），佛兰德的地理学家、地图制作家。
2 中洋裂口（Midocean Rift）是因为板块的分离，而在海床上所产生的裂缝。

城市的名称和经度。[1]

就在我跨越本初子午线的那一刻，一台精心放置的机器发给我一张纪念票，上面打印着这一刻的时间——精确到了1/100秒。但是，这不过是穿插在参观中的小把戏而已，每张票的售价为1英镑。实际的格林尼治标准时间——全世界据此拨准钟表的时间——要精确得多，到了百万分之一秒。这个时间由安放在"子午楼"里的一台原子钟给出，它上面显示的数字变化太快，人眼根本跟不上。

第五任皇家天文学家内维尔·马斯基林将本初子午线的位置争取到了现在这个地方，它距离伦敦市中心只有7英里。在马斯基林执掌皇家天文台期间，也就是从1765年到他去世的1811年，他总共发行了49期包罗万象的《航海年鉴》。他列在《航海年鉴》上的所有月亮－太阳距离和月亮－恒星距离，都是以格林尼治子午线为基准计算出来的。因此，从1767年发行第一期开始，全世界依靠马斯基林月星距改正表的船员，都会计算他们相对于格林尼治的经度。在此之前，他们可以很满意地将所处位置表示成任何方便的子午线以东或以西多少度。他们最经常使用的参照点是出发地或目的地，比如"利泽德以西3°27′"。但是，马斯基林的表格不仅使"月距法"变得实用了，而且也将格林尼治子午线变成了一个全球通用的参照点。甚至连《航海年鉴》的法文译本也保留了马斯基林根据格林尼治子午线给出的计算结果——尽管在

---

1 可参看我和作者都很喜欢的这个小视频：https://www.bilibili.com/video/BV1DX4y1B7TX/。

这本法文版的《航海历书》(*Connaissance des Temps*)中，每隔一个表就考虑了以巴黎子午线作为本初子午线的情况。

在精密时计战胜"月距法"成为测定经度的首选方案之后，也许有人以为，格林尼治的崇高地位肯定会动摇。但实际情况恰恰相反。领航员还是需要不时地进行月距观测，以验证他们的精密时计。不管他们是从哪儿来，到哪儿去，翻到《航海年鉴》的相应页面，自然就会计算他们的经度是在格林尼治以东或以西多少度。与此类似，制图家们在前往海图上未标明之处进行地图绘制航行时，也会以格林尼治子午线为基准，记录那些地方的经度。

1884年，在美国华盛顿特区举行的国际子午线大会上，来自26个国家的代表们投票表决了正式的公约。他们宣布格林尼治子午线为全球的本初子午线。但是，这一决定没有得到法国的鼎力支持，他们继续使用巴黎天文台子午线——在格林尼治东面2°多一点的地方——作为经度起始点，直到27年后的1911年。（甚至到了那个时候，他们还是不甘心直接说格林尼治标准时间，而是更喜欢使用"延迟9分21秒的巴黎标准时间"这一独特的措辞。）

既然时间就是经度，经度就是时间，老皇家天文台也就担负起了敲响午夜钟声的职责。每一天都是从格林尼治开始的。全球各时区的法定编号也根据早于或晚于格林尼治标准时间的小时数而定。格林尼治时间甚至被拓展到了外太空：宇航员使用格林尼治标准时间对各种预测和观测进行计时，只是在天文历中，他们称之为世界时（Universal Time）或UT。

其实，早在全世界都选定格林尼治时间为标准时间之前半个世纪，该天文台的官员们就在"弗拉姆斯蒂德之屋"的房顶，为来往于泰晤士河上的船只提供视觉信号。当海军军舰在这条河上抛下船锚后，舰长们就可以根据每天13点——下午1点钟落下的报时球，拨准精密时计。

尽管现代船只依靠的是无线电和卫星信号，但是子午线院的报时球升落仪式仍在继续举行着，从1833年至今，天天如此。人们期待着这个仪式，就像期待着每天的下午茶。因而在下午12点55分时，一颗稍微砸扁了一点的红色报时球就会升上风标杆的半中腰。它在那里停留3分钟，以示预警。然后，它会升到杆顶，并再等上2分钟。成群的学生和处于半清醒状态的成年人就会伸长脖子，盯住那个极像古旧潜水钟的东西。

这个日复一日发生着的古怪事件虽说早已过时，却给人一种高贵典雅的感觉。当强劲的西风将朵朵白云吹送到双子天文观测塔上空，那颗红色金属球在十月蓝天的映衬下，显得格外动人。甚至连年幼的孩子也在静静地期待。

下午1点整，这个球准时下落，像一个从很短的竿上滑下的消防队员。人们并未感觉到这一动作中包含了什么高科技或精确计时思想。但是，正是这个球和其他报时球以及散布在世界各港口的报时枪，终于为海员们提供了一条拨准精密时计的途径——而不必在海上每过几个星期就要多次求助于"月距法"。

在"弗拉姆斯蒂德之屋"里，也就是哈里森在1730年首次向埃德蒙·哈雷寻求建议和咨询的那个地方，哈里森的几台计时器尊荣地各就其位，等待着四方游客的朝拜。大个的航海钟 H-1、H-2 和 H-3，是在 1766 年 5 月 23 日被野蛮地从哈里森家里夺走的；然后这些人又以一种极不光彩的方式将它们运到了格林尼治。马斯基林在完成测试后，就没再给它们上过发条，也没照管过它们，而是随便地将它们扔进了一个潮湿的储藏间。马斯基林在世时没有再想起过它们——在他死后，它们又在那里待了 25 年。然后在 1836 年，才由约翰·罗杰·阿诺德的一位合伙人——登特（E. J. Dent）提出免费为这些大时钟进行清理。光是进行必要的翻新，登特就辛辛苦苦地干了整整 4 年。这些航海钟之所以受损，部分原因就在于它们原配的钟壳气密性不好。但是，登特清理完后，又将这些计时器放回了它们原来的钟壳里。跟他刚找到它们时相比，保存情况并没有得到什么改善，于是新一轮的腐烂过程马上就开始了。

皇家海军少校鲁珀特·T. 古尔德（Rupert T. Gould）在 1920年对这些计时器产生了兴趣。他在回忆当时的情景时说："它们都显得肮脏不堪、残破不全而且腐蚀严重——特别是一号钟，看上去就像是跟'英王乔治'号一道沉入了海底并且一直没被打捞上来过一样。它遍身罩着一层蓝绿色的铜锈——甚至连木质部分也不例外。"

古尔德是一个十分敏感的人，他对这种可悲的疏忽感到震惊，因此希望能得到许可将所有 4 件钟表（3 台时钟和 1 块表）都恢复到可以工作的状态。他提出免费承担这项后来花了他 12 年时间的工作，尽管他并没有接受过钟表维修方面的专门训练。

古尔德以他惯常的幽默口吻评论道："我想，从这一点来看，我和哈里森处在同一条战壕里；如果从一号钟开始，我不会给这台机器造成什么进一步的损害。"于是，他说干就干，用一把普通的帽刷开始认真地清理起来。结果，他从 H–1 身上扫下了整整 2 盎司[1]的灰尘和铜绿。

古尔德个人生活中发生了悲剧，所以他才会自愿地承担起这项困难的工作。他在第一次世界大战爆发时，曾因精神崩溃而没法正常服役。他不幸的婚姻和分居，被《每日邮报》以耸人听闻的方式大肆渲染，致使他丢掉了海军中的职位。比较起来，这些年和这几台古怪的过时钟表一起关在阁楼里与世隔绝，对古尔德而言，倒不失为一种积极的治疗。在将它们逐一修好的过程中，他自己也恢复了身体的健康和精神的安宁。

古尔德的修理工作一多半耗在 H–3 上，他自己估计为此花了 7 年左右的时间。这看来也是正常的，因为哈里森制作这台钟也花了最长的时间。事实上，正是哈里森遇到的问题导致了古尔德的问题。

1935 年，古尔德在航海研究协会的一次聚会上说："三号钟不只是像二号钟一样复杂，它还很深奥难懂。他在其中实现了几个完全独特的器件 —— 几个别的制表匠想都不会想到要用的器件。哈里森之所以能将它们发明出来，也得益于他采用了工程师的而不是钟表匠的方法来解决他遇到的机械问题。"古尔德多次懊

---

1 盎司（ounce 或 oz）是英制重量计量单位，1 盎司为 1 磅的 1/16，约合 28.35 克。

恼地发现"哈里森试过但随后又抛弃了的一些零件还留在原处"。他不得不挑出这些分散注意力的东西，以找到真正值得抢救的零件。

在他之前的登特只是清理了这些机器，并锯掉破损部件的粗糙边缘，使它们看上去显得整洁些。古尔德可不想这样干，他要让所有的东西转起来，让这些钟表能在嘀嗒声中重新开始精确计时。

在古尔德工作的过程中，他记满了 18 本笔记本，包括用彩色墨水精心绘制的图形和详细而生动的文字描述 —— 比哈里森写出的东西要清晰明了得多。这一切他都是为自己准备的，因为它们可以指导他重复一些复杂的步骤，并且避免不必要地重犯一些代价高昂的错误。比如说，拆除或替换 H–3 的擒纵器一般要花 8 小时，而古尔德不得不重复进行这一工作，多达 40 次以上！

至于 H–4 这块表，"我花了三天时间才学会怎样将表针取下来，"古尔德报告说，"好几次我都要相信它们是焊上去的了。"

尽管他最先清理了 H–1，但这台钟却是最后修复完工的。结果证明这是一件好事，因为 H–1 丢失了太多的零件，古尔德需要在探索其他钟表的过程中积累足够经验后，才能有把握处理 H–1："里面没有主发条，没有主发条筒，没有链条，没有擒纵器，没有平衡弹簧，没有限位弹簧，也没有上发条的齿轮……24 个防摩擦齿轮也丢失了 5 个[1]。复杂的'烤架'补偿机构也丢了许多零件，

---

[1] 这里说 H-1 没有平衡弹簧等，实际的意思是这些零部件原来都是有的，后来弄丢了。

剩下的又多是残缺不全的。秒针丢了，时针裂了。至于小零件，如销子、螺丝之类，保存下来的部分更是连十分之一都不到。"

但是，古尔德凭着 H–1 的对称结构以及他个人钢铁般的意志，终于根据保存下来的部件复制出了丢失的相应部件。

他承认："最难做的是最后的那项工作——在平衡弹簧上调整一块小的钢制控制片（check-piece）。我只能这样来形容这项工作的困难程度：就好比骑一辆自行车，去追赶一辆货运卡车，还要将线穿入插在卡车后挡板上的一根针里。1933 年 2 月 1 日下午 4 时许，我终于完成了这项工作。当时狂风暴雨正敲打着我阁楼的窗户——5 分钟后，一号钟重新开始走时了，这是 1767 年 6 月 17 日以来的头一次，中间整整隔了 165 年！"

多亏了古尔德的努力，放在天文台长廊里的这台钟现在还在走时。这几台得到修复的计时器是对约翰·哈里森的永久性纪念，就好比圣保罗大教堂是对克里斯托弗·雷恩的最好纪念。尽管哈里森的遗体葬在格林尼治西北几英里外，跟他的第二任妻子伊丽莎白和儿子威廉一起，长眠在位于汉普斯特德的圣约翰教堂墓地，但是他的思想和感情却留在这里——格林尼治。

英国国家海事博物馆照管这些航海钟的馆长在提到它们时，总是满怀敬意地称它们为"哈里森一家子"，好像它们真的是一家人而不是一组钟表。每天清早，在游客们到来之前，他都戴上白手套，打开展柜的保险锁，给它们上好发条。跟现代保险柜一样，每把锁都有两把不同的钥匙，只有配合在一起使用时才打得开锁——这令我们联想起 18 世纪进行钟表试验那会儿还盛行的分掌钥匙的保险措施。

　　要给 H–1 上发条，必须有技巧地将它的铜链条往下一扯。而 H–2 和 H–3 则是用钥匙转着上发条。这样，它们就可以走时了。H–4 却处在休眠状态，一动不动，也不让人触摸。它跟 K–1 一起放在一个透明的展示柜里。

　　在读了无数关于它们的结构和试验的叙述后，在观看了关于它们内部和外部所有细节的纪录片和图片后，当我终于实实在在地站在这些机器面前时，我不禁热泪盈眶。我接连在他们中间徘徊了好几个小时。后来，一个 6 岁左右的小女孩吸引了我的注意力，她长着一头金黄的卷发，左眼上方斜贴着一张大大的创可贴。她在一遍遍地观看着那部自动循环播放的关于 H–1 运行机理的彩色动画片，时而专注地盯着屏幕，时而又放声大笑。她很兴奋，都舍不得将双手从小电视屏幕上放开 —— 尽管她父亲在找到她后，就扯开了她的小手。在征得她父亲的同意后，我问小姑娘为什么那么喜欢这部片子。

　　她回答说：“我不知道，我就是喜欢它。”

　　我也喜欢它。

　　我喜欢观看卡通时钟斜着身子沿黑色的波浪爬上去再滑下来时，这些晃动着、互相连接着的部件是怎么保持节奏平稳的。为了在视觉上达到提喻[1]的效果，这个卡通时钟不仅逼真地显示了真实的时间，而且还被描绘成一艘航行在海上的轮船，一海里接一

1　提喻法（Synecdoche）是一种局部代表全体或以全体喻指部分的修辞手法，还可以种代表属，或以属说明种，或以材料的名称代表所做成的东西。

海里地穿越着时区边界。

约翰·哈里森用他的几台航海钟，在时空海洋中试了试水。他克服重重困难，成功地用第四维 ——时间维将三维球面上的点连在了一起。他从众星体手中艰难地夺过世界的位置信息，并将这个秘密锁进了一块怀表。

致谢

感谢哈佛大学历史科学仪器博物馆的特聘馆长威廉·J. H. 安德鲁斯，是他最早向我传授了经度方面的知识；感谢他 1993 年 11 月 4 日至 6 日在美国马萨诸塞州剑桥市主持召开了经度研讨会。

也感谢《哈佛杂志》的编辑们——特别是约翰·贝塞尔、克里斯托弗·里德、简·马丁以及珍妮特·霍金斯，感谢他们派我参加了经度研讨会，并在 1994 年 3/4 月期上以封面报道的形式发表了我关于该研讨会的文章。

还要感谢教育促进与支持委员会出版分会的评委们，感谢他们将我这篇经度文章评为校友杂志上的最佳特写，并向我颁发了他们 1994 年度的金质奖章。

特别感谢沃克出版公司的出版商乔治·吉布森，感谢他阅读了那篇文章，并认为可以据此写成一本书——他还出人意料地打电话将这件事告诉了我。

最后要向威廉·莫里斯经纪人公司副总裁麦克尔·卡莱尔致以特别的谢意，非常感谢他不遗余力地为这个项目奔走操劳。

参考文献

本书是一本科普读物，不是为学术研究而写作的。因此，在正文中，我没有使用脚注，我访谈过的历史学家的姓名大多未提及，我读过并在写作时参考过的著作的书名也省略了。我欠他们一份深深的感谢。

出席经度研讨会（哈佛大学，1993 年 11 月 4—6 日）的演讲人代表着从钟表学到科学史的广泛专业领域中的世界专家，而他们都为这本薄薄的小书贡献了自己的才智。威尔·安德鲁斯（Will Andrewes）无论是按字母次序还是按实际贡献都应排在首位。乔纳森·贝茨（Jonathan Betts）是位于格林尼治的英国国家海事博物馆的钟表馆馆长，他为本书牺牲了自己大量的时间，并出了许多主意。安德鲁斯和贝茨不仅在我动笔前为我提供过指导，而且阅读了我的手稿，并提出了大量有益的建议，从而保证了本书在技术上的正确性。

我还想单独列出哈佛大学史密森天文物理中心的欧文·金格里奇（Owen Gingerich），他收集了在本书第五章和第六章概述的几种解决经度问题的落选方案，并称之为"狂热的"方案。金格里奇从他的朋友约翰·H. 斯坦利（John H. Stanley）——布朗大学图书馆特殊藏品部主任——那里得到了一份稀有的小册子《好奇的探询》（Curious Enquiries），并从中发现了"怜悯药粉"方法。

其他研讨会演讲人，按英文字母次序，包括哈里森研究小组和英国时钟学会的马丁·伯吉斯；瑞典的拉夏德芬；国际钟表博物馆管理员凯瑟琳·卡迪纳尔；纽约城市大学的布鲁斯·钱德勒；"钟表商名家公会"的前任会长乔治·丹尼尔斯；英国皇家海军的退休军官 H. 德里克·豪斯；英国肯特郡柏肯地区的钟表匠安德鲁·L. 金；哈佛大学库利奇历史学讲座教授兼经济学教授戴维·S. 兰德斯；大英博物馆的助理馆长约翰·H. 利奥波德；普林斯顿大学的迈克尔·S. 马奥尼；荷兰阿姆斯特丹国立航海博物馆的资深管理员威廉·莫泽尔·布鲁因斯；伦敦的钟表插图画家戴维·M. 彭尼；英国苏塞克斯郡的精密表制造商安东尼·G. 兰德尔；位于格林尼治的英国国家海事博物馆的阿兰·尼尔·斯廷森；加州大学洛杉矶分校退休地理学教授诺曼·J. W. 思罗普；来自巴黎的作家和历史学家 A. J. 特纳；以及莱斯大学历史系主任阿尔伯特·范·赫尔登。

美国佛蒙特州米德尔布里市的古文物钟表史学家弗雷德·鲍威尔，为我提供了帮助——他寄给我好几张彩色剪报和报告，并指引我去参观了古导航仪器的展览。

在开始的几个月里，我一直抱有这样一种疯狂的想法：我不用到英国去亲眼观摩这些计时器，就可以写出这本书来。我要好好地感谢我的牙医博士兄弟斯蒂芬·索贝尔，是他促使我启程前往伦敦，和我的两个孩子佐伊和艾萨克一道，站在本初子午线上，驻足于老皇家天文台四周，并到好几个博物馆参观了钟表。

为了编出这个经度故事，我查阅了大量书籍。我要感谢那些帮我寻找罕见版本和绝版书籍的人。他们是：哈佛大学的威尔·安德鲁斯和他的助理玛莎·理查森；罗杰斯和特纳书商公司（伦敦与巴黎）的 P. J. 罗杰斯；伦敦皇家学会的桑德拉·卡明；宾夕法尼亚州哥伦比亚市钟表博物馆的艾琳·杜德娜；伊利诺伊州罗科福德市时间博物馆的安妮·薛尔克罗斯；纽约州东汉普顿市湾景书店的伯顿·范·多伊森；我亲密的朋友戴安娜·阿克曼；以及我的超级好侄女阿曼达·索贝尔。下面是一份完整的参考书目。

1. Angle, Paul M. *The American Reader*. New York: Rand McNally, 1958.

2. Asimov, Isaac. *Asimov's Biographical Encyclopedia of Science and Technology*. New York: Doubleday, 1972.

3. Barrow, Sir John. *The Life of George Lord Anson*. London: John Murray, 1839.

4. Bedini, Silvio A. *The Pulse of Time: Galileo Galilei, the Determination of Longitude, and the Pendulum Clock*. Firenze: Bibliotecca di Nuncius, 1991.

5. Betts, Jonathan. *Harrison*. London: National Maritime Museum, 1993.

6. Brown, Uoyd A. *The Story of Maps*. Boston: Little, Brown and Company, 1949.

7. Dutton, Benjamin. *Navigation and Nautical Astronomy*. Annapolis:

U.S. Naval Institute, 1951.

8.Earnshaw, Thomas. *Longitude: An Appeal to the Public.* London:1808 ; rpt. British Horological Institute, 1986.

9.Espinasse, Margaret. *Robert Hooke.* London: Heinemann, 1956.

10.Gould, Rupert T. *John Harrison and His Timekeepers.* London: National Maritime Museum, 1978.(Reprinted from *The Mariner's Mirror*, Vol. X XI, No.2, April 1935.)

11.Gould, Rupert T. *The Marine Chronometer.* London: J.D. Potter, 1923 ; rpt. Antique Collectors' Club, 1989.

12.Heaps, Leo. *Log of the Centurion.* New York: Macmillan, 1973.

13.Hobden, Heather, and Hobden, Mervyn. *John Harrison and the Problem of Longitude.* Lincoln, England: Cosmic Elk, 1988.

14.Howse, Derek. *Nevil Maskelyne, The Seaman's Astronomer.* Cambridge, England: Cambridge University Press, 1989.

15.Landes, David S. *Revolution in Time.* Cambridge, Mass.: Harvard University Press, 1983.

16.Laycock,William. *The Lost Science of John "Longitude" Harrison.* Kent, England: Brant Wright, 1976.

17.Macey, Samuel L, ed. *Encyclopedia of Time.* New York: Garland, 1994.

18.May, W. E. "How the Chronometer Went to Sea," in *Antiquarian Horology*, March 1976, pp. 638-663.

19.Mercer, Vaudrey. *John Arnold and Son, Chronometer Makers, 1762-*

1843. London: Antiquarian Horological Society, 1972.

20.Miller, Russell. *The East Indiamen.* Alexandria, Virginia: Time-Life, 1980.

21.Morison, Samuel Eliot. *The Oxford History of the American People.* New York: Oxford University Press, 1965.

22.Moskowitz, Saul. "The Method of Lunar Distances and Technological Advance," in *Navigation*, Vol, 17, Issue 2, pp. 101-121, 1970.

23.Pack, S. W. C. *Admiral Lord Anson.* London: Cassell, 1960.

24.Quill, Humphrey. *John Harrison, the Man Who Found Longitude.* London: Baker, 1966.

25.Quill, Humphrey. *John Harrison, Copley Medalist, and the £ 20,000 Longitude Prize.* Sussex: Antiquarian Horological Society, 1976.

26.Randall, Anthony G. *The Technology of John Harrison's Portable Time-keepers.* Sussex: Antiquarian Horological Society, 1989.

27.Vaughn, Denys, ed. *The Royal Society and the Fourth Dimension: The History of Timekeeping.* Sussex: Antiquarian Horological Society, 1993.

28.Whittle, Eric S. *The Inventor of the Marine Chronometer: John Harrison of Foulby.* Wakefield, England: Wakefield Historical Publications, 1984.

29.Williams, J.E.D. *From Sails to Satellites: The Origin and Development of Navigational Science.* Oxford, England: Oxford

University Press, 1992.

30. Wood, Peter H. "La Salle: Discovery of a Lost Explorer," in *American Historical Review*, Vol. 89, 1984, pp. 294-323.

图片来源

文内图片按从上到下、由左及右顺序，信息如下：

1."Sir Cloudesly Shovel in the Association with the Eagle, Rumney and the Firebrand, Lost on the Rocks of Scilly, October 22, 1707" by anonymous author. Public domain, via Wikimedia Commons

2."A Rake's Progress, Plate 8" by William Hogarth, 25 June 1735. ©Metropolitan Museum of Art, CC0 1.0 <https://creativecommons.org/publicdomain/zero/1.0/>,via Wikimedia Commons:https://commons.wikimedia.org/wiki/File:A_Rake%27s_Progress,_Plate_8_MET_DP827030.jpg

3.Title page of Introductio geographica by Petri Apiani, 1533.©British Library,CC0 1.0 <https://creativecommons.org/publicdomain/zero/1.0/>,via Wikimedia Commons:https://commons.wikimedia.org/wiki/File:Surveying_-_Introductio_geographica_Petri_Apiani_(1533),_title_page_-_BL.jpg

4.Title page of a collection of old coastal maps from 1584 by Lucas Janszoon Waghenaer. Own photo © Georges Jansoone (JoJan),CC BY 3.0 <https://creativecommons.org/licenses/by/3.0/>,via Wikimedia Commons:https://commons.wikimedia.org/wiki/File:Lucas_Janszoon_Waghenaer.Spieghel_der_Zeevaert.1584.jpg

5.Portrait of Galileo Galilei by Justus Sustermans between 1636 and 1640.

©National Maritime Museum.Public domain, via Wikimedia Commons

6.Diagram illustrating eclipse of one of Jupiter's satellites, from Astronomy explained by James Ferguson.Public domain, via Wikimedia Commons

7."View from One Tree Hill: the Queen's House and the Royal Observatory, Greenwich" by Jan Griffier I,circa 1700. ©Royal Museums Greenwich. Public domain, via Wikimedia Commons

8.Portrait of John Flamsteed by Godfrey Kneller, 1702. CC BY 4.0 <https:// creativecommons.org/licenses/by/4.0/>, via Wikimedia Commons: https:// commons.wikimedia.org/wiki/File:John_Flamsteed_1702.jpg

9.Atlas celeste de Flamsteed, publie en 1776.© National Library of Poland. Public domain, via Wikimedia Commons

10.Portret van Gemma Frisius, 1557. ©Rijksmuseum, CC0 1.0 <https:// creativecommons.org/publicdomain/zero/1.0/>, via Wikimedia Commons:https://commons.wikimedia.org/wiki/File:Portret_van_Gemma_ Frisius,_RP-P-OB-9419.jpg

11.Pastel portrait of Christiaan Huygens (1629–1695) by Bernard Vaillant. ©Huygensmuseum Hofwijck, Voorburg. Public domain, via Wikimedia Commons

12.The first pendulum clocks designed by Christiaan Huygens, and his Horologium Oscillatorium (1673) on display in Museum Boerhaave in Leiden, Netherlands. Own photo © Rob Koopman, CC BY–SA 1.0 <https:// creativecommons.org/licenses/by–sa/1.0/>,via Wikimedia Commons:https:// commons.wikimedia.org/wiki/File:Christiaan_Huygens_Clock_and_

Horologii_Oscillatorii.jpg

13. "Edmond Halley, 1656–1742, Astronomer Royal" by Godfrey Kneller before 1721. ©Royal Museums Greenwich. Public domain, via Wikimedia Commons

14. Edmond Halley's isogonic chart of the Atlantic, 1700. ©New York Public Library. CC0 1.0 <https://creativecommons.org/publicdomain/zero/1.0/>, via Wikimedia Commons:https://commons.wikimedia.org/wiki/File:A_new_and_correct_chart_shewing_the_variations_of_the_compass_in_the_western_%26_southern_oceans_as_observed_in_ye_year_1700_–_by_his_Maties._command_by_Edm._Halley;_I._Harris_sculp._NYPL976356.tiff

15. Portrait of John Harrison (1693–1776) by Thomas King,1767. ©Science Museum. Public domain, via Wikimedia Commons

16. Mezzotint of John Harrison by Philippe Tassaert, 1768, after the portrait by Thomas King. CC BY–SA 4.0 <https://creativecommons.org/licenses/by–sa/4.0/>,via Wikimedia Commons: https://commons.wikimedia.org/wiki/File:John_Harrison%27s_portrait.jpg

17. The photo of H–1 ©Fernando Losada Rodríguez, CC BY–SA 4.0 <https://creativecommons.org/licenses/by–sa/4.0/>,via Wikimedia Commons: https://commons.wikimedia.org/wiki/File:Royal_Observatory.005_–_Greenwich_(London).jpg

18. The photo of H–2 © Mike Prince from Bangalore, India, CC BY 2.0 <https://creativecommons.org/licenses/by/2.0/>,via Wikimedia Commons: https://commons.wikimedia.org/wiki/File:Clock_at_Royal_Observatory_Greenwich_

(46635402754).jpg

19.The photo of H-3 © Tatiana Gerus from Brisbane, Australia, CC BY-SA 2.0 <https://creativecommons.org/licenses/by-sa/2.0/>,via Wikimedia Commons:https://commons.wikimedia.org/wiki/File:Clock_that_changed_the_world_(H3)_-_Flickr_-_Tatters_%E2%9D%80.jpg

20.The photo of H-4' s front view © Mike Prince from Bangalore,India,CC BY 2.0 <https://creativecommons.org/licenses/by/2.0/>,via Wikimedia Commons:https://commons.wikimedia.org/wiki/File:Clock_at_Royal_Observatory_Greenwich_(47305815942).jpg

21. The photo of H-4' s backplate © Mike Prince from Bangalore, India,CC BY 2.0 <https://creativecommons.org/licenses/by/2.0/>,via Wikimedia Commons:https://commons.wikimedia.org/wiki/File:Clock_at_Royal_Observatory_Greenwich_(32416554787).jpg

22.Anchor escapement © Chetvorno, CC0 1.0 <https://creativecommons.org/publicdomain/zero/1.0/>,Public domain, via Wikimedia Commons

23.Harrison' s grasshopper escapement, c.1725, illustrated by Lee Yuen-Rapati ©National Maritime Museum, Greenwich, London

24. Diagram showing how a gridiron pendulum works © Leonard G.,Public domain, via Wikimedia Commons,with adjustments

25. H-1 balances, illustrated by Lee Yuen- Rapati ©National Maritime Museum, Greenwich, London

26. H-3 bimetal compensation, illustrated by Lee Yuen- Rapati ©National Maritime Museum, Greenwich, London

27. The special "isochronal" verge escapement of H-4, illustrated by Lee Yuen-Rapati ©National Maritime Museum, Greenwich, London

28. "Nevil Maskelyne. Stipple engraving, 1804." © Wellcome Images, CC BY 4.0 <https://creativecommons.org/licenses/by/4.0/>, via Wikimedia Commons:https://commons.wikimedia.org/wiki/File:Nevil_Maskelyne._Stipple_engraving,_1804._Wellcome_V0003893.jpg

29. Front page of British Mariner's Guide, edited by Nevil Maskelyne. Own work © CassandraNojdh, CC BY 4.0 <https://creativecommons.org/licenses/by/4.0/>,via Wikimedia Commons:https://commons.wikimedia.org/wiki/File:Mariners-Guide.jpg

30. The picture of lunar distance calculation form (front and back)© Robert Bishop, Public domain, via Wikimedia Commons

31. "The Royal Observatory in Richmond Garden" by John Spyers, between 1778 and 1790. Public domain, via Wikimedia Commons

32. Portrait of George III by Johann Zoffany © Royal Collection of the United Kingdom. Public domain, via Wikimedia Commons

33. The photo of H-5 © Racklever at English Wikipedia, CC BY-SA 3.0 <https://creativecommons.org/licenses/by-sa/3.0/>, via Wikimedia Commons:https://commons.wikimedia.org/wiki/File:Harrison%27s_Chronometer_H5_(cropped).JPG

34. The photo of Lt.Gould in full dress uniform © Sarah Stacey

35. Rupert T. Gould at Epsom in 1924 © Sarah Stacey

36. Page from Rupert Gould's notebook(MS GOU/4,Neg.8456) ©National

182

Maritime Museum, Greenwich, London

37. The photo of the International Meridian Conference in Washington, 1884. CC0 1.0 Universal, <https://creativecommons.org/publicdomain/zero/1.0/> ©Architekturmuseum der TU Berlin, Inv. Nr. F 8253 / https://doi.org/10.25645/dryg–h3e5

38. The photo of GwichMeridian © Maxx1972. Public domain, via Wikimedia Commons

39. The photo of Neil Armstrong and H–1, 2009 © Jonathan Betts

译后记

对我有些了解的朋友都知道，我是个爱书成癖的"杂食动物"——博览群书，坐拥书城，喜新不厌旧，电子书与实体书并重。我自认为视野较开阔，思想较开明，知识结构较全面，在读书方面不算偏隘保守挑剔之人。但有一点必须承认，我不太能容忍好书被拙劣的译笔糟蹋。每次看到这种情形，就感觉心要滴血，恨不能亲自操刀为其订正或重译，免费干也在所不惜。

这些年，我在豆瓣网和孔夫子旧书网上，陆续为很多书指出过不少严重的翻译或技术错误（甚至还亲手重译过其中一些书的部分章节，以资比对）。我就国内翻译出版的图书大面积存在翻译质量问题，也写过多篇文章，指出当前形势的严峻，分析出现这种状况的原因，并探讨可能的解决方案。坦白地说，这种得罪人的大声疾呼在这些年里所产生的影响相当有限，距离扭转积重难返的怪现状还天遥地远。

一、《经度》

正是基于一种类似"救红尘"的考虑，我在 2006 年毅然接受了重译《经度》的任务。在整个翻译过程中，我始终要求自己抱持谦虚谨慎、脚踏实地、精益求精的态度，尽力收集和查阅资料（包括充分利用当年还不太发达的互联网），对于任何存疑的地方，总是反复校对、多方查核，绝不轻易放过。在定稿前又多次进行修改和润色，力图做到"信、达、雅"。这种躬身实践，让我体验到了认真译书的艰难和苦辛，同时也加深了对这个追求效率的时代翻译作品何以会大面积出现"好白菜被猪拱"现象的理解。

不过，这段艰苦岁月也让我意外地收获了一份丰厚的额外回报。我在互联网上查找惠更斯的一种荷兰语出版物"Kort Onderwys"的意思时，找到了对此有研究的哈佛大学科学史系教授马里奥·比亚焦利。他不仅解答了我的疑问，还热心地告诉我：他同事欧文·金格里奇教授（《无人读过的书：哥白尼〈天体运行论〉追寻记》一书的作者）可能有《经度》作者的电子邮箱。就这样，我跟达娃·索贝尔女士取得了联系，获得了请她直接答疑的机会。后来，索贝尔女士在《亚洲文学评论》上发表了一篇《互联网上的一段笔墨情缘》，介绍我们的合作过程。她在文中收录了我给她的第一封电子邮件：

亲爱的达娃：

我是来自中国的肖明波。我正在将您的《经度》译成汉语。……

我之所以接受这项工作，是因为我喜欢这本书，并且有意为中国读者提供一个高质量的译本。

我在翻译过程中遇到了一些困难，而且预计以后还会碰到更多。我希望您能帮我一把。请您帮我解答如下几个问题，好吗？……

明波列出了"landed son"和"passing fair"等6个具体的问题，不过这封信最打动我的地方还在于他向我发出了合作邀请。在此之前，无论哪个国家，都没有一位译者试过让我以这种方式介入翻译过程。……作者往往会想知道自己的书经过翻译之后质量到底如何，但是很快又会意识到：那不是作者能左右的事情。每家出版社都会选择自己的译者，而这些译者似乎都工作在真空中。作者在书印出来之前是看不到译文的（有时甚至在出版后也看不到）。除非有哪位外国朋友读了这个译本后将意见反馈过来，否则作者和原出版商都没法对翻译质量作出评判。明波在互联网的帮助下，"自寻烦恼地"采取行动，改变了这种局面。……我自己有过将伽利略女儿的信件翻译成英语的经历，知道从许多意思相近的词中找出一个恰当的词来有多难。而对译者而言，那还算较容易的部分。真正的挑战在于，如何把握原文的精神和语气，并将它们用另一种语言表达出来，尽管其中会有许多无形的东西无法翻译——往往就是这些东西将与不同语言对应的文化区分开来。

其实，在责任编辑约请我翻译《经度》前，我并不熟悉这部作品及其作者。拿到原文后，我才真切地感受到该书的魅力，并下定决心要拿出一个与其水平相称的中译本。《经度》讲述的是一位18世纪英国钟表匠——约翰·哈里森的故事，他找到了一种在海上确定位置的方法。索贝尔女士说："它听起来不像是一本引人入胜的书……在写作《经度》的整个过程中，我认识的人都觉得这个主题不对他们的胃口。有些人还对我选择的这个主题不屑一顾，不置一评。甚至我自己的孩子们也不止一次地问我：'你真的觉得会有人读这种书吗？'但是，这本书在1995年秋季出版后，出现了奇迹。"《经度》先是得到了《纽约时报》的高度评价，被誉为"不是小说却胜似小说"的"书中瑰宝"，两个月后又登上了《纽约时报》的畅销书排行榜。次年，英国版《经度》一经出版，就直接登上了《伦敦时报》畅销书排行榜榜首，并高居榜首达数月之久。这本作者原以为只有她母亲才会读的书，已被翻译成30多种文字，先后荣获了包括"美国图书馆协会年度好书""英国年度出版大奖""法国 Le Prix Faubert de Conton 大奖"和"意大利 Premio del Mare Circeo 大奖"在内的多项殊荣。2000年时，BBC 公司还将该书的故事搬上了银幕。

我在收集资料的过程中还了解到，索贝尔女士曾担任《纽约时报》科学专栏的记者。在30多年的科学新闻记者生涯中，长期为《纽约客》等多家杂志撰稿，当过《哈佛杂志》和《全知》的特约编辑。她文学功底极为深厚，具有将复杂的科学概念编入精彩故事的非凡能力，以及从科学史中发掘绝妙素材的稀世才华。著名天文科普作家卞毓麟先生在读了我翻译的《经度》之后，也认为索贝尔女士的科普写作已到了炉火纯青的境界，可与他极为推崇的卡尔·萨根和阿西莫夫相媲美。索贝尔女士说她不喜欢重复自己，每个故事都有最合适的表述方式，因此她的每部作品都风格各异，素材也极少重复使用，总能让人耳目一新。她后来又出版了《伽利略的女儿》《一星一世界》和《玻璃底片上的宇宙》等畅销全球的科普著作，并接二连三地获得大奖。有书评家感慨道："如果多出些这样的书，科学一定会成为我们生活中更受欢迎的一部分。"为了表彰她长期致力于增进民众对科学的理解，美国国家科学委员会在 2001 年授予她享有崇高声誉的"个人公众服务奖"。她还荣获了波士顿科学博物馆颁发的布拉德福德·沃什波恩奖，以及钟表商名家公会颁发的哈里森奖章。索贝尔女士是一位超级天文迷，常常不远千万里去观看日全食和宇宙飞船的发射。为了表彰她在天文写作方面所取得的卓越成就，天文界以她的名字为小行星 30935 命了名。她还曾是国际天文学联合会（IAU）行星定义委员会 7 名委员中唯一的非科学家委员，参与了冥王星"大行星"地位决议草案的讨论和起草工作。

　　索贝尔女士平时非常繁忙，就连在飞机上或候机室里也经常在办公或写作。但她总是不厌其烦地在第一时间尽其所能给我详尽的解答，让我得以完美地避开许多拦路虎或陷阱。她的热心帮助和权威支持，不仅为我节省了大量的时间，也大大提高了译文的可靠性和准确性——这实在是译者极少能得到的福分！尤其让我感激的是，她还请出版商给我寄来了《经度》的十周年纪念版，这一版非常罕见地由我的校友、第一位登上月球的宇航员阿姆斯特朗专门作了序。索贝尔女士又特意为我们的中译本写了一篇热情洋溢的短序。凡此种种，都在一定程度上为我翻译的《经度》增光添彩。后来，《科学时报·读书周刊》和罗辑思维都对这本小书做过专门的推介，不少豆瓣书友也毫不吝啬地打了高分，并纷纷对我的翻译态度和翻译质量予以肯定。

如今，此书（连同罗辑思维后来推出的定制版）早已绝版，网上每本售价高达一二百元——有时比英文原版还贵。我曾多次收到求助邮件，请我帮忙购买，甚至有书友要求一次性订购100本，可惜我也爱莫能助。其实，在翻译版权过期前，我跟上海人民出版社世纪文景公司续订过合同，准备再版此书。当时我还趁机将一些勘误信息发给有关编辑，后来不知为何没有了下文。出版社有出版社的考虑，我只能在遗憾之余表示理解和服从。南京大学出版研究院张志强院长得知该书的遭遇后，曾热心地向多家出版社推荐再版，令我感铭于心，不敢稍忘。几个月前，承蒙中国科普作家协会副理事长尹传红先生热心牵线，绝版多年的《经度》终于获得了由"未读·探索家"推出新版的机会。我将这个好消息及时分享给了索贝尔女士，她也由衷地感到开心，说这是对作者至高无上的奖赏。

二、《一星一世界》

大概是因为比较认同我严肃认真的翻译态度，索贝尔女士和出版社的责任编辑一致希望我能继续承担她 The Planets（《一星一世界》）的翻译工作。刚开始我很犹豫，怕自己译不好，辜负他们的殷切期望，因为我的专业既不是英语也不是天文学，而且平时空余时间本来就不多，还经常被各种事务切割得七零八落。然而盛情难却，我最终还是应承了下来。索贝尔女士告诉我，她对我充满信心，因为这本书本来就是为那些对天文学知之甚少乃至一无所知的人写作的，我的职业道德保证了我会在这项工作中投入足够的精力，而她也会一如既往地为我提供帮助。

在《一星一世界》这本书中，作者"将科学、太空探索、天文史和个人经历，以一种令人愉快的方式糅合在一起"，不断变换笔法和视角，逐一讲述太阳系大家庭中的每位主要成员，因而读起来感觉异彩纷呈、趣味盎然，却又在不知不觉中深受教益。该书出版后好评如潮，被誉为一部具有索贝尔特色的优雅散文、一支献给太阳系的富有魔力的小夜曲、一封致太阳系的情书、一幅描绘世世代代凝望夜空的人类的诗意画。该书知识面相当广泛，行文又极富诗意，给翻译带来了不小的难度。有时为了译好一句引诗甚至会花去数个小时，真可谓寸步难行。记得有好几次，我在翻译的时候总希望下一章会容易一些，结果却发现下一章更难。

索贝尔女士在《互联网上的一段笔墨情缘》这篇文章中说："明波翻译《一星一世界》时提的问题比翻译《经度》时多出不少，但是我看得出那是因为他在这上面花了更多的精力，而不是更少。"她不时通过电子邮件，将一些新近的天文发现和相关信息告知我，帮我以补遗和脚注的形式，给出原书出版后该领域的一些新进展。我还在网上找到了作者的两个访谈，觉得有助于读者加深对作品和作者的认识，因此也译出来作为该书的附录，供有兴趣的读者参考。尤其值得一提的是，我在翻译的过程中，发现并指出了《一星一世界》原书中的几处错误。作为国际知名作家的索贝尔女士丝毫不以为忤，虚心接受，迅速转给自己的编辑作勘误，并多次真诚地向我表示感谢。她在《互联网上的一段笔墨情缘》中这样写道：

　　到 2007 年中秋时，明波已经在"校对和打磨"《一星一世界》的第一稿了。而且，此时的他已不只是译者了，同时也成了"事实核查员"。他对技术细节真可谓一丝不苟。此前，我只需查看自己的书本就可以回答他的问题，而如今我还得翻看调研时查阅过的参考书。

　　您在书中提到："地球的自转也在减速，每年减慢百分之几秒"（原书 114 页），但是在接下来的一页中又说："目前，几乎感觉不到地球自转速度在降低，因为每五十年也不过慢一毫秒而已。"

　　据我理解，这两句话不可能同时成立。第一句中的数值似乎偏高了。

　　我并非想批评您或显得不礼貌。如果我的言语中有挑刺的口气，请一定见谅。

　　明波说得对，第一个数值确实高出太多了，地球每年减慢百万分之几秒（而不是百分之几秒）！科普作家将这种错误称作"硬伤"（howler），一种他们绝对不愿意在自己的书上看到的严重的、让人难堪的错误。但是，我竟然犯了这种错误，而且我同事中的所有技术专家和编辑朋友都没将它找出来。显然，谁也没有读得像明波那么仔细。我在一封致谢函中向明波提到了这一点。然后，我给自己的美国编辑写了信，通知她这个勘误信息，以免这个硬伤继续出现在以后的版本中。在明波完成《一星一世界》的最后校对工作之前，我又给我的美国编辑发了三封勘误信。

后来我翻译著名物理学家戴森的书话集《反叛的科学家》和《天地之梦》时，也发现了原书中的几个错误（包括一篇文章中缺漏了一大段，致使上下文意思不连贯），90 岁高龄的大科学家收到我的邮件后，也对我表示了由衷的感谢，夸我是世界上读过该书的人中最认真的一位，并将邮件直接转发给出版商。索贝尔女士和戴森教授都跟我提及，他们的书在出版前经过了多位专业人士近乎苛刻的全方位审核和校对，虽然不能保证不存在错误，但这种概率已相当低，因此觉得我还能从中挑出错漏是难能可贵的，是令他们肃然起敬的。作为译者，反过来对原书质量提升也作出一点贡献，无疑是可引以自豪的。

我觉得翻译应该双向沟通，不仅有责任将国外的优秀作品以较高的质量翻译介绍给国内读者，同时也有向外国朋友介绍本国情况的义务。因此，我利用与索贝尔女士通信的便利条件，不失时机地向她介绍了中国的历史文化、风土人情和科技发展，以增进她对中国的了解和感情。比如，在"嫦娥一号"发射升空之后，我给她讲了嫦娥奔月的故事；在中秋节时又告诉她：月亮自古以来就在中国人心目中享有崇高而独特的地位，并将《望月怀远》《水调歌头·明月几时有》等名篇的英译版推荐给她。索贝尔女士说，她非常高兴获得我这样一位可以向她传授中国知识的私人导师。《一星一世界》介绍的行星文化，主要根植于古希腊、古罗马等西方文明，因此她对我讲述的中华文明中的行星文化特别感兴趣，还说如果动笔写那本书之前就知道了这些内容，她也许会为某些章节选择另一种写法。

我多次鼓动索贝尔女士访问中国大陆——尤其是在北京主办奥运会的 2008 年——想请她来亲眼看看这个历史悠久而又日益崛起的东方大国，亲身感受一下博大精深的中华文明，那滋味和逛纽约唐人街肯定会很不一样的。刚开始，她觉得那完全不可能，因为当年的计划已经排得很满。可是不久之后，我惊喜地得知她受上海文学节和香港文学节的邀请，可以在 2008 年 3 月 1 日来华访问。我告诉她，我将携全家前往上海和她会面，她听了也喜出望外。我马上和责任编辑周运老师取得了联系，一面加紧《一星一世界》的出版工作，一面又为她在上海文学节的空余时间穿插安排各项活动。

索贝尔女士和我都是 2 月 29 日晚上抵达上海的。第二天下午 3 点，文学节在地处外滩的魅力酒吧为她安排了一场作家专访。我们全家和责编老师赶到会场时，时候已经不早了。我找到她后，就走上前去打招呼。还没等我介绍自己，她立刻就认出我来了。我们双目凝望，彼此都难抑内心的喜悦——经过近两年的通信，我们终于见面了！而且，和书中一样，我也给她带来了"一个 6 岁左右的小女孩"。

索贝尔女士送给我女儿一件意义非凡的礼物——《经度》开篇时提到的那种铁丝球！她后来在演讲中朗诵的正是这一段："在

我还是小姑娘的时候，有个星期三，父亲带我外出游玩。他给我买了一个缀着珠子的铁丝球，我很喜欢它。轻轻一压，便可将这个小玩意收成一个扁扁的线圈，夹入双掌。再轻轻一扯，又可让它弹开，变成一个空心球。它在鼓起来的时候，很像一个小小的地球。那些铰接在一起的铁丝，就像我上课时在地球仪上看到的用细黑线画出的经纬线，都是些纵横交织的圆圈。几颗彩色的珠子，不时从铁丝上滑过，就像是航行在公海上的轮船。"在一次通信中，我跟她提过：就在编辑约我翻译《经度》的前两天，我带女儿去鼓浪屿游玩，从一位小贩手里买到过这样一个小铁丝球；我女儿一路玩得很开心，后来却遗失在回家的路上了。没想到她竟然就记住了这件事！我边听报告，边看女儿百玩不厌地摆弄着这件珍贵的礼物，看着她将它一会儿压成飞碟，一会儿扯成椭球，一会儿又折成皇冠，心中默念：这一次可不能再弄丢了哦。在访谈的最后，索贝尔女士也没忘记将我介绍给与会的数十位外国作家和记者，还说："我相信，《经度》的这个全新中译本在全球 30 种译本中是最优秀的。"为我们博得了一阵热烈的掌声。

听完报告出来，刚好看到夕阳映照下美轮美奂的东方明珠电视塔。我不由得想起了《经度》中描述过的那颗日复一日在下午 12 点 55 分升起再正点落下的红色报时球 ——"当强劲的西风将朵朵白云吹送到双子天文观测塔上空，那颗红色金属球在十月蓝天的映衬下，显得格外动人"。

匆匆用过晚餐，我们一道赶往陕西南路地铁站里的季风书园，去参加《读品》举办的读者见面会和座谈会。那晚的嘉宾有天文学家卞毓麟先生和科普作家钱汝虎先生，口译是复旦大学的研究生向丁丁，与会听众将书店的咖啡间挤得满满的。记者们架起长枪短炮，那阵势丝毫不输娱乐明星的出场。座谈会的气氛一直很好，读者提问水平颇高，口译也相当到位。当主持人李华芳先生宣布活动结束时，许多人还觉得意犹未尽。接下来又进行了签售环节。我注意到敬业的索贝尔女士在每本书上，除签上姓名之外，还标出了自己在地球上的坐标"41N 72W"，并且都认真地写上了一段与受赠人身份相匹配的赠言！

第二天傍晚，我又去了魅力酒吧，想在里面的小书店买本原版的《伽利略的女儿》，好请作者一并签名留念。没想到电梯门一开就看到索贝尔女士站在那里！我买好书，又和她聊了一会儿，约好两天后参观上海博物馆。她告诉我：因为时差，昨晚睡到凌晨4点就醒了。我听了很过意不去。她却说，虽然疲倦，却很开心，也很兴奋，昨晚的座谈令人非常满意。

参观博物馆时，我们主要看了陶瓷、书画和青铜器3个展区。因为展品都附有英文说明，再加上我和钱汝虎先生不时做些补充，欣赏起来倒也没什么障碍。她边参观边赞叹，不时还拍上几张照片。午饭后就去了世纪出版集团，为外地读者进行签售。我趁机掏出自己珍藏的几种书请她签名。她在每本上都写下了不同的留言，还特别将那本新买的《伽利略的女儿》题给我女儿。她也请我在送给她的那本《经度》中译本上签了名。接下来，又录制了《世纪访谈》节目，我硬充了一回口译。后来，还陪她去看了"二战"期间犹太难民在上海的聚居点和犹太教堂——她是犹太人，祖籍在俄罗斯。

我们给索贝尔女士安排的最后一项活动是去我母校——上海交大，作题为"科学与历史写作的挑战"的演讲，时间定在周三下午1点半。考虑到需要从上海东北角的外高桥斜穿整个市区去交大闵行校区，又正值上班高峰期，就和她商定了乘地铁。她说自己在纽约市生活过多年，很习惯坐地铁。上海干净整洁的地铁给她留下了深刻而美好的印象，还说这比纽约又脏又乱的地铁强多了。

令人欢欣鼓舞的是，《一星一世界》的10本样书在各方的共同努力下，已顺利寄到了交大。我们迫不及待地撕开包装，掏出书来欣赏摩挲。看着精美的封面和插图，闻着清新的油墨香，听着索贝尔女士的赞叹声，我内心充满了对世纪文景各位同人的感激之情。虽然没能赶在作者访华的这几天上市，但总算实现了让她在上海亲手触摸到这本书的心愿。为了配合她的访问，出版社和印刷厂给了这本书最高的优先级，从出片到收到样书仅用了一个星期，其中凝聚了多少的心血和情谊啊！我分得两本封面未干透的样书，都请索贝尔女士签了名，一本留给自己，另一本给女儿。在我女儿那本上，她模仿阿西莫夫的口吻写道："说不定你长大后能生活在月球上。"她希望我在她的那本上用汉字题签，因为她觉得汉字很漂亮，于是我就给她写上了"但愿人长久，千里共婵娟"10个字。后来听说责编还定制了20本毛边本，给布衣书局的毛边党，却没想到分一本给我这个资深书迷，为我留下一个不小的遗憾，直到前几天用孔网奖励的100元书券买回一本才得到弥补。

那天来听报告的人比我预期的少，但学生提问还算积极，口语也不错，不少问题都挺有意思。依照美国新书推广讲座的惯例，索贝尔女士在演讲中朗诵了三本书的精彩段落，应听众的要求我也朗诵了与之对应的译文。《经度》和《伽利略的女儿》选的都是开篇的几段，而《一星一世界》选的则是我最喜欢的部分——"月亮篇"的开头。演讲结束时已是下午4点，她又接受了两家媒体的采访，方才脱身。

短短几天的相聚，更增进了彼此的友谊，也加深了此刻的离愁别绪。这是索贝尔女士首次来华访问，我们紧锣密鼓的安排让她非常满意，也给她留下了极其美好的印象。我后来将有关经过整理成了一篇文章《达娃·索贝尔的中国情缘》，刊登在《深圳特区报》上。

我们原本还想安排她去参观上海佘山天文台的。该天文台是天主教法国耶稣会于1900年创办的，为第一次国际经度联测的基本点之一，里面还保存着100多年前用过的天文钟和航海钟。但由于时间关系，没法成行。她看我不无遗憾，便安慰道："也许明年还能找到机会来中国。"我当时以为这只是一句安慰人的话，没想到后来还真的兑现了。

三、日食

索贝尔女士回国后，我们间的通信变得更加频繁，而且"多了几分老友的亲密"。我们不仅介绍了各自的生活经历，谈论了正在从事的项目，交换了家人的照片，甚至还开始对中美关系坦诚地交换看法。记得我发给她的第一张照片，是我女儿3岁时充满童趣和创意的生活照。照片上的小姑娘将一把防盗门锁高举在眼前，假装成照相机的样子，身穿的罩袍前襟上还有口水的湿痕。索贝尔女士非常喜欢这张照片，说她一下子就被征服了，仿佛再次进入了童真的世界。

她得知我之所以会偶尔承担一些翻译任务，纯粹是出于对图书的热爱，而不是为了赚取稿酬，就不时给我寄一些书，既有她自己的新旧作品，也有我向她提及的老书，还有她觉得我可能会感兴趣的好书。她在自己的作品上都不忘记题词签名再寄赠给我。这么多年下来，我估计自己成了国内拥有索贝尔女士签赠本最多的读书人。这些书寄托了索贝尔女士的深情厚谊，已成为我藏书中最值得珍藏的一部分。她的赠书中有她朋友戴安娜·阿克曼（Diane Ackerman）在 1976 年出的一册诗集《行星：宇宙田园诗》（*The Planets: A Cosmic Pastoral*），是我在翻译《一星一世界》时得知其存在并想读一读的——以太阳系行星为主题的诗歌原本就非常罕见，更何况还是由著名天文学家卡尔·萨根先生亲自指导完成的！我搜遍包括孔夫子旧书网在内的各大平台和新旧书店，也没能找到，只好开口向索贝尔女士求助。她和我当时大概都心照不宣地想过，我是否会将这本奇书译成中文。可惜我对自己的诗歌翻译水平毫无信心，加上后来又去忙别的事了，浅尝辄止就将这书放到了一边，现在都不知道埋进哪堆书里了。我以后会鼓足勇气将它译出吗？我不知道，更不知道是否会有出版社愿意出这样一本冷门偏门至极的诗集。

《经度》和《一星一世界》出版后，我陆续收到不少书友的来信，既有对我表示支持鼓励的，也有不吝指正与探讨的。我不是科班出身的人，虽然翻译时尽可能做到了用心，但由于英语修为和天文专业方面的欠缺，还是难免出错，因而向来非常欢迎广大读者和专家学者为我的译本挑错或提出改进建议，从来不敢自以为是或讳疾忌医。西方有句很世故的谚语："自己住玻璃房子，就别向人家扔石头。"（Those who live in glass houses shouldn't throw stones.）我这个译者却还偏偏喜欢给人家的译文挑刺。我之所以愿意下这种得罪人的笨功夫，只是因为我非常痛恨不负责任或不合格的译者糟蹋好书、糊弄读者的做法，希望他们记住西方古典学家吉尔伯特·海特（Gilbert Highet）的名言："一本写得很糟的书，只不过是一宗大错；而一本好书的拙劣翻译，则堪称犯罪。"（A badly written book is only a blunder. A bad translation of a good book is a crime.）我相信，一个社会如果没有挑剔的读者，就产不出高水平的读物，就会自甘堕落。鲁迅在《准风月谈》里一篇题为《由聋而哑》的文章中曾指出："用秕谷来养青年，是决不会壮大的，将来的成就，且要更渺小……甘为泥土的作者和译者的奋斗，是已经到了万不可缓的时候了，这就是竭力运输些切实的精神的粮食，放在青年们的周围，一面将那些聋哑的制造者送回黑洞和朱门里面去。"因此，我丝毫也不为自己的"愚行"感到后悔，甚至还要再次欢迎大家多向我这间并不防弹的玻璃房子扔石头！

在索贝尔女士的影响下，我对天文的兴趣也浓厚起来，不仅淘回了大量天文科普书，还买了一架入门级的天文望远镜，不时搬到阳台上与孩子们一起观看行星和月亮。我在写给索贝尔女士的一封邮件中说："在翻译您的作品时，我突然想到：如果我在十来岁时就读到了您的书，也许会选择一个不同的专业呢。毫无疑问，如果有哪位年轻的朋友因为读了我翻译的《一星一世界》而无可挽回地成了天文学家，那我就要倍感欣慰了。"

有一天，索贝尔女士突然告诉我：2009 年 7 月 22 日上午 8 点左右，中国长江中下游地区将会上演本世纪持续时间最长的一次日全食，许多地方可长达五六分钟，成都、重庆、武汉、合肥、苏州、杭州、上海等城市都处于日食带上。她说，她将随一个旅行团在 7 月 21 日抵达上海，观看本次日全食，不知我是否有空重聚。因为刚好在暑假中，我肯定不难将时间安排开，就满口答应一定前往。她说，现在唯一担心的就是，不知日食发生时观测点的天气如何，但愿天公作美；不过就算到时没看成，能和我再度聚首也不枉此行。我趁机约她为尹传红先生负责的《科技日报》写篇日食观测方面的文章，由我译成中文发表。她满口答应，并在不久之后就寄来了稿件《我的日食之旅》。通过这篇文章，我得知她已先后 5 次展开日食之旅，本次是应菲斯克天文馆（Fiske Planetarium）天文学家道格拉斯·邓肯（Douglas Duncan）之邀，以演讲者的身份参加他组织的专业天文学家与业余爱好者旅行团，为参团人员举行一次关于伽利略的讲座，作为"国际天文年"庆祝伽利略首次使用望远镜进行天文观测 400 周年的纪念活动之一。美国国家航空航天局的"日食先生"弗雷德·埃斯潘乃克（Fred Espenak）则为本次日食之旅保驾护航，提供了不少具体而细致的预测和统计。

当年国内移动互联网还不是很发达，我仍然在用诺基亚直板机，而不是更方便上网的智能手机，我跟索贝尔女士联系主要是通过电子邮件。她事先给我发了一份行程安排，并告诉我不排除有临时变动的可能。在我动身前往上海前，她又给了我一个国内的手机号码，为我增加了短信联系这条途径。后来，我正准备按约定的时间赶往浦东机场时，收到她发的短信，说是航班有调整，她们将在某时某刻飞抵虹桥机场。我在虹桥机场再次收到消息，得知行程又有变化——她们在虹桥只稍作停留，然后直飞苏州，晚上会入住苏州某五星级宾馆。她对"send you on a wild goose chase"（让你徒劳无益地来回奔波）表示歉意，并约定晚上会面。

我联系了几位在苏州的朋友，一起共进晚餐。有位主营蚕丝被出口业务的朋友，建议我送一床蚕丝薄被给索贝尔女士，说这样一件礼物便携美观耐用又深具地方特色，应该会受美国朋友欢迎的。我欣然采纳了朋友的建议。晚些时候，我收到索贝尔女士打来的电话，约我去她下榻的宾馆。我带着朋友帮忙选定的蚕丝被前往赴约。到了宾馆，索贝尔女士再三向我道歉，说她们这次先去西安看了兵马俑，因为团里有人出现了突发状况，临时调整了行程。我表示，能见到她就心满意足，行程的调整恰好应了"好事多磨"这句中国古话。依照西方的传统，她当面打开我送给她的礼物，极力地称赞我既贴心又有眼力。我添油加醋地向她介绍了蚕丝被在身体保健方面可能具有的功效，更令她惊叹连连。在美国留学时，我曾见到一些大姑娘或老太太用不同花色的碎布，手工缝制成又轻又薄的拼镶被，美其名曰 comforter，还经常以此作为礼物相互赠送，我家就收到过两次。因此，当索贝尔女士感谢我送她这样一件优雅别致的 comforter 时，我并没有被这个名词难倒。这些年，她多次对我提到自己有多喜爱这床蚕丝被，说在家里写作时几乎总是盖在膝上，磨损严重了也舍不得更换。唉，我早该送她一床新的了！

那晚我们还聊了些什么，如今我早已忘却，只记得时间过得飞快，不知不觉已近午夜。临走前，她问我有没有兴趣参加她们明天的日食之旅。此前我从未跟专业团队一起观看过日食。印象中，只在高中读书时看过一次日偏食，当时老师让我们将碳素墨水滴在小半盆水里，通过水中的倒影观看日食过程。因此，我为能得到这样的机会而欢欣雀跃。索贝尔女士当即找导游要来一件合适我身材的定制团服。这是一件普通的白色棉质短袖 T 恤，但胸前印着红色 Logo，上面是一道由 5 颗红心排成的拱形圆弧，下面是团名 "a bridge to china"（通往中国之桥），前襟中部是大幅类似水墨风格的黑白画面——乍一看还以为是"黑太阳 731"，但仔细观察就会发现，其实画的是几个兵马俑戴着墨镜在看日食，右下方有 3 行文字"日食；2009 CHINA；SOLAR ECLIPSE"。这设计令我连声称妙：如此简洁明了，却将旅行团的两大主题巧妙而幽默地结合在一起，毫无违和之感！

索贝尔女士告诉我，因为天气预报说苏州及周边地区有雷阵雨，乌云太厚，看不到日食，因此旅行团准备在凌晨 2 点出发，一路向西，赶到不下雨的地方就停下来等日食；如果在日食发生时仍然没赶上停雨，就只能就地等待听天由命了。她建议我抓紧时间赶回宾馆小憩片刻，到时她可请前台叫醒我，不用提前吃早饭，因为团里准备了西式快餐。我突然意识到应该多留点时间让时差都没倒好的索贝尔女士休息，有什么话大可以留着在路上再聊，于是连忙向她道别。

回到宾馆，我又继续和朋友聊天，直到前台打来叫醒电话时，也没合眼。简单地洗漱了一下，就赶去旅行团上车点。索贝尔女士已在那里等着我，她送给我一副可以直接观看太阳的墨镜，并领我去取了快餐，然后就一起登上了旅游巴士。我们并排坐着，热烈地聊着永无止境的话题，我都惊诧于自己丢了好几年的英语口语，怎么还能像山泉水一样毫无滞碍地汩汩流淌。其间，索贝尔女士掏出手机，给我看了一会儿照片，包括她家人最近的生活照和这次在西安参观兵马俑时拍的照片。这是我第一次看到iPhone手机，滑动手指就能浏览照片的触摸屏，给我留下了非常深刻的印象。一路上小雨淅淅沥沥地下个不停，车里不时有人传达气象卫星传来的最新动态，显示前景不容乐观。我们终于顶不住瞌睡的侵袭，在不知不觉中停止了小声的交谈，先后滑入了梦乡。

雨天的黎明降临得晚，但终于还是来了。我惊醒过来时，天已大亮，雨也停了，但周遭还是阴沉沉的。窗外是大片大片的农田，经过风雨洗礼之后的青山绿水显得格外的苍翠清新。比我醒得早的索贝尔女士告诉我，我们已进入安徽铜陵地界——铜陵被确定为本次日食的全球最佳观测点。我们将在日食发生前半小时左右停下来准备，但愿到时老天会开眼。不久，车就停在了公路边的一个空旷的简易停车场里。我拿出相机给索贝尔女士拍了两张照片，她摆的姿势是将左手食指和中指交叉。我知道，在西方文化中，那表示祈祷之意。她又将我介绍给身边的几位团友。一位头发胡子全都白了的老天文学家，听说我是《经度》的中文译者，就饶有兴趣地问我，中译本发行了多少册。我坦白地说，具体印数我不清楚，好像加印过，应该在万册上下。他又问我知不知道《经度》的英文版印量有多大。我说，完全没概念，有没有到百万？他听了微微一笑，没有回答我。

距离初亏时间只有十几分钟时，我注意到天上的乌云似乎变薄了一些，有些地方已看得到透过来的阳光，但太阳周围的乌云在快速运动，谁也说不准它们到时是否会将太阳重重地遮挡在后面。我给尹传红先生挂了个电话，得知他们在武汉观看，当地天空晴朗，令人眼红。经验丰富的索贝尔女士让我不要失去信心，因为日食发生时气温会下降，有助于乌云中的水汽凝结，因此在关键时刻突然出现老天开眼的奇迹也不是非常罕见。那天，我们在安徽铜陵正好验证了这一点。透过日食观测墨镜，我有幸观看了从初亏到食既、食甚、生光和复圆全过程中的前4个阶段，也抢拍了几张日食期间的照片。观测条件虽然不完美，但还是给初次观看日全食的我留下了深刻的印象。我不由得想起索贝尔女士描写日食的文字：

太阳变黑时，整个天空都会暗下来，显现出熹微时分那种幽蓝色调，而壮丽的日冕也会跃入人们的眼帘。这里展示的巨幅画面是太阳的外层大气。虽然比太阳表面的温度还要高出许多倍，这个精致的日冕在平时是看不见的——被太阳夺目的光辉掩盖了。而如今在日全食期间，它终于可以闪亮登场了，微微散发着白金或珍珠般的光芒，向外伸展到数倍于太阳直径的地方……日全食那超凡脱俗的美不会刺伤你的眼睛，虽然难免会触动你的心灵，甚至让你热泪盈眶。只有在日全食发生前后的日偏食阶段，才会对你的视网膜构成威胁，得戴上保护眼镜方可安全观看。在日全食期间，你大可放心地用裸眼直接欣赏，将种种美妙奇景尽收眼底：太阳与月亮重合了，金星与水星突然现身，冕流的构造与外形在变幻，日食的中央黑轮上装饰着华丽的耀斑"红缎带"。然后，从月亮背后突然闪出一道炫目的亮光，打破魔咒，将你惊醒，并逼迫你挪开视线。

这一车老外和他们陆续架设起来的长枪短炮，逐渐吸引了附近的老乡。可能是因为这个停车场比较偏僻，在看完日食前，赶过来围观的乡亲好像不多（也可能是因为我当时的注意力主要集中在天上），后来越聚越多。这些老乡，有光着膀子的汉子，有手脚麻利地拾捡空矿泉水瓶的老太太，有穿开裆裤的小男孩，也有脸色黑里透红、满眼好奇与羞怯的小姑娘。刚开始都站得远远的，对着专心看日食的老外指指点点。慢慢地，越靠越近，直到完全混入旅行团。老乡们大多也拿到了墨镜，但对他们吸引力更大的，无疑还是来自地球另一边的洋人，而不是什么天文奇观。面对此情此景，我不禁想起了卞之琳的那首《断章》："你站在桥上看风景，看风景人在楼上看你。明月装饰了你的窗子，你装饰了别人的梦。"因为基本达到了预期的观测目标，大家都兴致高涨。旅行团拿出预先准备好的冰镇香槟，供团友们和围观的老乡共同举杯庆祝。有位年轻的女天文学家对我说，她会中国功夫，并在我的镜头前比画出两个像模像样的太极姿势，引得周围的团友和乡亲们齐声喝彩。

在回程的车上，我们又聊了一路。快到苏州时，索贝尔女士鼓足勇气对我提出了一个"不情之请"。她告诉我：旅行团里有位80多岁的老太太，就是团长道格拉斯·邓肯的母亲。她原本是要跟大家一起去看日食的，但在来苏州的路上，哮喘病突然发作，加上平时就有高血压和心脏病，因此飞机一落地，就被救护车直接送进了苏州市第六人民医院急救。旅行团当晚就要坐飞机回美国，团长会独自留下陪护他母亲，但问题是母子俩都不懂中文，医院的医生护士英文又不好，沟通不顺畅，尤其是难以和老太太在美国的医生电话沟通。因此想问问我是否方便在医院里待一段时间，为他们提供翻译。索贝尔女士一再说那位老太太如何讨人喜欢，发病前没有拖累过团里的任何人。我毫不犹豫地答应说：没问题，现在是暑假，我可以安排开时间。我的痛快似乎出乎她的预料，我看到她眼含热泪，一个劲地说我是安琪儿。我再三向她保证说：只是举手之劳，一点儿都不麻烦，不必挂怀，换作别人也不会忍心拒绝的。

我回宾馆办好退房手续，就搬进了医院。值班医生已了解情况，让我住在医生休息室里，并嘱咐了一些需要注意的事。夜里，美国那边的医生和保险公司打来电话，希望尽快接她回国接受检查和治疗，我将他们的意思转告给苏州的医生，也将这边医生的考虑和当前的治疗方案告知对方，最后双方达成一致，先按这边的方案治疗，等病情稳定些后再转回去。晚上我去看了病人两趟，其他就没什么事了。第二天早上，道格拉斯过来找我，说要给我报酬，我连忙谢绝，说能在他们急需帮助时施以援手，是我的荣幸。道格拉斯从裤兜里掏出一副新总统奥巴马主题的扑克牌送给了我。深夜，当我想进医生休息室睡觉时，却发现门被锁上了——原来那位医生已经下班，而且忘了交代接班的医生护士，我只好无奈地在走廊的椅子上过夜了。晚上照旧跟美国那边通了一次电话，去看了几趟病人。中间有一次，老太太大概将我当成了护工，对我说她想吃水果，但她戴着氧气面罩，加上哮喘，我没听明白。老太太麻利地翻起身来，一把将氧气面罩摘下，边打手势边说，我终于听明白了，连忙从旁边的冰箱中给她取来水果。记得当时我看着这个大块头的老太太，心想：动作如此生猛，半夜还要吃水果，看来不会有什么大问题。第三天早上，道格拉斯过来对我表示感谢，并告诉我：他已经另外做好安排，不用再麻烦我担任翻译了。于是，我就买好了当天回厦门的机票。

刚下飞机，就接到一位朋友的电话，邀请我去大嶝岛一家海鲜店吃饭。很巧，这位朋友在路上给我讲了一件事：前一天晚上，他去探视一位部下生病住院的父亲。这位能干的部下少年得志，颇令他父亲自豪。老人将我朋友默认为是自己儿子的部下，就指示他做这做那，他都开开心心地照办。这位部下回来看到，吓得面如土色，反而要我朋友多方安慰。我也给他简单讲了一下，我在苏州一家医院里给美国人当了两天翻译，后面一晚只能睡走廊。我俩相视而笑，端起手边的酒杯一饮而尽。

四、《玻璃底片上的宇宙》及后续

索贝尔女士回国后，我们继续保持着经常性的联系。我从她的口里得知，老太太后来又在医院住了 3 天，然后就买票回国了，她的身体很快就完全恢复了，他们母子都对我在最艰难的时候伸出援手且不求回报充满感激之情。每当圣诞新年来临之际，或者在新闻中听到暴风雪袭击纽约地区，又或者航空航天和天文等方面有什么重大的新闻，我们都会交换邮件，并趁机向对方介绍自己的近况。有一次，她告诉我，她的髋关节出了点问题，加上日益老迈，现在比较少长途旅行了，更多的时候是待在家附近从事写作。她说她准备在合适的时候去动手术，换个钛合金的髋关节。后来她告诉我，经过几次推迟，她终于动了这个手术，手术很成功，让我不要担心。

2016 年的一天，索贝尔女士告诉我，她此前多次对我提及的新书 The Glass Universe（《玻璃底片上的宇宙》）已经顺利出版。不久我就收到了她寄给我的签名本。她收到我的感谢信后，半开玩笑地问我，有没有兴趣将这书译成中文。我回答说，若能得到翻译这本书的机会，那将是我的荣幸。她通过自己的版权代理向购买简体中译本版权的后浪公司推荐我来翻译。2017 年 2 月，我收到了后浪的翻译邀请，并在 11 月签订了翻译合同。

通过《玻璃底片上的宇宙》，索贝尔女士给我们带来了另一个令人着迷却又鲜为人知的真实故事，再次展示了作者从科技史中发掘绝妙素材的稀世才华和非凡的文字驾驭能力。这个故事记叙了一段被埋没的历史，生动地还原了一群杰出女性在男性处于绝对主导地位的社会中艰苦奋斗，忍辱负重，充分发挥自己的聪明才智，对天文学新兴领域作出卓越贡献，进而促进社会进入男女更为平等的文明阶段的重要场景。从19世纪中期开始，哈佛大学天文台就已经陆续雇佣女性作为廉价"计算员"，来解读男性每晚通过望远镜观测到的发现。起初，这些女性往往是天文学家们的妻子、姐妹、女儿等，但到19世纪80年代，这一群体也包括了新出现的女大学毕业生。当时由亨利·德雷伯博士率先采用的摄影技术，逐渐改变了天文学的实践活动，展现出显著的优势和辉煌的前景。德雷伯博士遽然去世后，他的遗孀安娜·德雷伯决心继承他的遗志，将这项技术进一步发扬光大。哈佛大学天文台台长皮克林雄才大略，审时度势，争取到了她一系列的关键性支持，使得该天文台不仅得以收集到了50万张以感光板拍摄的星空底片，而且还资助女性"计算员"研究被玻璃感光板逐夜捕捉到的星球，并取得了一批享誉世界的惊人发现。继任台长的沙普利充分发挥底片宝库和女性队伍的潜能，进一步夯实了哈佛大学天文台已取得的崇高国际地位，引领了天文学发展的新潮流。《玻璃底片上的宇宙》把握了一段波澜壮阔的历史，刻画了一群可歌可泣的女性，也反驳了常人一贯认为女性对人类知识发展贡献甚微的荒谬论断。这是一曲女性知识分子解放自我、实现自我、超越自我的颂歌，也是一部科研机构把握机遇、勇立潮头、取得划时代科学突破的奋斗史。我相信广大读者是可以从这本佳作中得到多方面的启迪与收获的，因而为能获得翻译这本书的机会感到荣幸，也热切盼望这个译本早日出版。

毋庸讳言，翻译的过程是艰苦的。我在一封写给索贝尔女士的邮件中提到，因为 2 岁的儿子每晚都要我哄睡，为了挤时间翻译这本书，我经常是或者凌晨 4 点就寝，或者凌晨 4 点起床。索贝尔女士听了觉得很过意不去，劝我多保重身体。在翻译这本书的过程中，我共向索贝尔女士发过 5 次答疑邮件，合计求教了 33 个具体的大小问题。索贝尔女士一如既往地为我进行了耐心、详尽而权威的解答，让我一次次被她的古道热肠而感动。最终，我在 2018 年 7 月 30 日向后浪提交了我的译稿。我又请索贝尔女士为这个中译本写了一篇短序。她在序言的末尾说：2024 年 4 月 8 日将出现一次日全食，全食带距离我曾留学的大学不远，期盼我届时能重返美国，再跟她展开一趟日食之旅。不知为何，我当时心里就笃定没这种可能。而且，连答应责任编辑会尽快写出的译后记也迟迟不肯动笔。莫非我冥冥中预感到了未来将发生的变故？

2019 年底，一场席卷全球的新冠肺炎疫情，对各国社会经济生活造成了一浪高过一浪的巨大冲击。在这样的大环境下，《玻璃底片上的宇宙》的出版进度一推再推。前段时间，后浪的责编告诉我，这书将交给浙江教育社出版，已进入终审环节。她还将排稿版发给我做最后的校对。我终于发现，推迟 4 年多出版也有个好处，就是译文已变得足够生疏——这书成了一块我不忍触碰的心病，过去几年都没重读过译稿——可以比较客观地校对出问题。令我感到欣慰的是，我发现当年的翻译很是认真严谨的，这次挑出的 18 处需要修改的地方，都是比较小的修改。

在《玻璃底片上的宇宙》迟迟得不到出版机会的这几年里，我总觉得都不知该怎样向索贝尔女士交代。其实，索贝尔女士是个非常善解人意的人，从未因为中译本出版时间一再推延而有任何不悦，我们的邮件往来虽然有所减少，但始终都非常愉快。猪年来临时，她告诉我，她属猪。当她得知这也是我的本命年时，就幽默地说我们是 "fellow pigs"。她这两年一直忙于写作一本关于居里夫人及其团队的新书，中间因为出版商不太喜欢她的切入方式，曾推倒重写过部分内容，如今全书已完成大半。她问我有没有兴趣继续翻译她的新作。我说当然愿意效劳。如果真有那么一天，这篇文章就可以再加上一个续集了。去年圣诞前夕，我收到她的邮件，得知她也像我一样，在成功防疫 3 年后，最终还是没能逃脱新冠的魔爪。她说，幸好打过疫苗，症状不太严重。同为"新冠病友"的我，也没忘记遥祝已届 75 岁高龄的索贝尔女士早日康复，老当益壮，为这个世界留下更多佳作！

今年夏天，我惊喜地得知，人民邮电出版社图灵公司准备再版我于 2006 年组织为高教社翻译的一本《信息论、推理与学习算法》。9 月，出版品牌"未读"的边老师告知，终于获得了美国版权方再版《经度》和《一星一世界》的授权。我也趁机对这 3 本书进行了全面而细致的校对和修改。修订自己以前翻译的书是比较令人愉快的体验，因为它既不像初译时那么艰难，又能弥补原来留下的诸多遗憾（比如终于获知黄昏星太白的妻子拂晓星"Nu Chien"，应该译作"女嬧"），稿酬也没有少，而且还能让自己已绝版和溢价的译本再获新生并服务更多的读者。由此我不禁憧憬起未来，届时所有基本的翻译也许都将交由机器完成，而人类译者只需将主要精力集中在处理那些"会咬断牙齿的硬骨头"（按《经度》中马斯基林的说法）。最后还是要感谢所有帮助过译者的朋友，并恳请广大读者和专家学者继续对本书批评指正。

2023 年 10 月 6 日凌晨
于杭州瓢饮斋